SCIENCE

ZOUJIN KEPU DAⁱⁱⁱⁱⁱⁱⁱⁱ G

普及科学知识，拓宽阅读视野，激发探索热情，培养科学热情。

打出来的 科学

★ 包罗各种科普知识，汇集大量精美插图，为你展现一个生动有趣的科普世界，让你体会发现之旅是多么有趣，探索之旅是多么神奇！

吉林出版集团
北方妇女儿童出版社

图书在版编目（CIP）数据

打出来的科学／李慕南，姜忠喆主编．—长春：
北方妇女儿童出版社，2012.5（2021.4重印）
（青少年爱科学．走进科普大课堂）
ISBN 978－7－5385－6320－7

Ⅰ．①打… Ⅱ．①李… ②姜… Ⅲ．①武器－青年读
物②武器－少年读物 Ⅳ．①E92－49

中国版本图书馆 CIP 数据核字（2012）第 061659 号

打出来的科学

出 版 人 李文学
主　 编 李慕南 姜忠喆
责任编辑 赵　凯
装帧设计 王　萍
出版发行 北方妇女儿童出版社
地　 址 长春市人民大街 4646 号 邮编 130021
　　　　 电话 0431－85662027
印　 刷 北京海德伟业印务有限公司
开　 本 690mm × 960mm 1/16
印　 张 12
字　 数 198 千字
版　 次 2012 年 5 月第 1 版
印　 次 2021 年 4 月第 2 次印刷
书　 号 ISBN 978－7－5385－6320－7
定　 价 27.80 元

前　言

科学是人类进步的第一推动力,而科学知识的普及则是实现这一推动力的必由之路。在新的时代,社会的进步、科技的发展、人们生活水平的不断提高,为我们青少年的科普教育提供了新的契机。抓住这个契机,大力普及科学知识,传播科学精神,提高青少年的科学素质,是我们全社会的重要课题。

一、丛书宗旨

普及科学知识,拓宽阅读视野,激发探索精神,培养科学热情。

科学教育,是提高青少年素质的重要因素,是现代教育的核心,这不仅能使青少年获得生活和未来所需的知识与技能,更重要的是能使青少年获得科学思想、科学精神、科学态度及科学方法的熏陶和培养。

科学教育,让广大青少年树立这样一个牢固的信念:科学总是在寻求、发现和了解世界的新现象,研究和掌握新规律,它是创造性的,它又是在不懈地追求真理,需要我们不断地努力奋斗。

在新的世纪,随着高科技领域新技术的不断发展,为我们的科普教育提供了一个广阔的天地。纵观人类文明史的发展,科学技术的每一次重大突破,都会引起生产力的深刻变革和人类社会的巨大进步。随着科学技术日益渗透于经济发展和社会生活的各个领域,成为推动现代社会发展的最活跃因素,并且成为现代社会进步的决定性力量。发达国家经济的增长点、现代化的战争、通讯传媒事业的日益发达,处处都体现出高科技的威力,同时也迅速地改变着人们的传统观念,使得人们对于科学知识充满了强烈渴求。

基于以上原因,我们组织编写了这套《青少年爱科学》。

《青少年爱科学》从不同视角,多侧面、多层次、全方位地介绍了科普各领域的基础知识,具有很强的系统性、知识性,能够启迪思考,增加知识和开阔视野,激发青少年读者关心世界和热爱科学,培养青少年的探索和创新精神,让青少年读者不仅能够看到科学研究的轨迹与前沿,更能激发青少年读者的科学热情。

二、本辑综述

《青少年爱科学》拟定分为多辑陆续分批推出,此为第三辑《走进科普大课

堂》,以"普及科学,领略科学"为立足点,共分为 10 册,分别为:

1.《时光奥秘》

2.《科学犯下的那些错》

3.《打出来的科学》

4.《不生病的秘密》

5.《千万别误解了科学》

6.《日常小事皆学问》

7.《神奇的发明》

8.《万物家史》

9.《一定要知道的科学常识》

10.《别小看了这些知识》

三、本书简介

本册《打出来的科学》以翔实的资料、大量的信息及生动形象的文字,阐述了军事装备的发展历程,介绍了信息装备、网络武器、非致死武器、太空大战、无人战车、隐形兵器等知识,并展望预测未来战争,是一套集科学性、知识性、趣味性和可读性于一体、为广大青年读者喜闻乐见的现代军事科普读物。历史的车轮滚滚向前,科技的发展日新月异。该书详尽地介绍了各种武器从诞生到完善的艰辛过程。全书配有大量精美、翔实、准确的图片,讲述各式武器背后的故事。希望少年儿童们以此为契机,热爱国防,研究武器,长大后成为中国国防现代化建设中的一员。

本套丛书将科学与知识结合起来,大到天文地理,小到生活琐事,都能告诉我们一个科学的道理,具有很强的可读性、启发性和知识性,是我们广大读者了解科技、增长知识、开阔视野、提高素质、激发探索和启迪智慧的良好科普读物,也是各级图书馆珍藏的最佳版本。

本丛书编纂出版,得到许多领导同志和前辈的关怀支持。同时,我们在编写过程中还程度不同地参阅吸收了有关方面提供的资料。在此,谨向所有关心和支持本书出版的领导、同志一并表示谢意。

由于时间短、经验少,本书在编写等方面可能有不足和错误,衷心希望各界读者批评指正。

本书编委会

2012 年 4 月

目　　录

一、古代武器

二、陆军武器

三、海军武器

四、空军武器

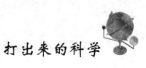

五、核武器和高科技武器

六、未来武器

一、古代武器

弩

弓箭在远古时代是一项了不起的发明，恩格斯曾给予高度评价，说："弓、弦、箭已经是很复杂的工具，发明这些工具需要有长期积累的经验和较发达的智力，因而也要同时熟悉其他许多发明。"但弓箭在使用时需要一手持弓箭，一手拉弦，因此影响了射箭的准确度。为了克服这些不足，中国古代人借鉴用于杀死猎物的原始弓形夹子，产生了制造弩的最初想法，即在弓臂上安上定向装置和机械发射体系，命中率和发射力大大提高，比弓的性能更加优越的弩诞生了。由此看来，弩就是装有臂的弓。它作为中国古代的一种常规武器，显然是由弓演化发展而来。

弓箭的使用在中国至少已有两万多年的历史，弩作为中国军队的常规武器则有 2000 多年的历史。从保存下来的有关弩的详细描述看，最早的弩是一种青铜手枪式，其顶部的设计属于周朝早期，可能是公元前 8 世纪或 9 世纪甚至更早些时候。据史料记载，弩是战国时期楚国冯蒙的弟子琴公子发明的。《事物纪原》中说："楚琴氏以弓矢之势不足以威天下，乃横弓著臂旋机而廓，加之以力，即弩之始，出于楚琴氏之也。"在长沙楚墓出土的文物中，就有制造得相当精巧的弩机，它外面有一个匣，匣内前方有挂弦的钩，钩的后面有照门，照门上刻有定距离的分划，其作用类似现代步枪上的标尺；匣的下面有扳机与钩相联，使用时，将弓弦向后拉起挂在钩上，瞄准目标后扣动扳机，箭即射出，命中目标。弩的发明是射击兵器的一大进步。

英国著名科学家李约瑟在对我国古代的科学技术进行了深入的研究后，所著《中国的科学与文化》（中译本名为《中国科学技术史》）中认为，琴公子真正发明的可能只是一个触发机械装置。弩比较早的形式可能早已存在了，《孙子兵法》中有关于弩的最早证据，孙子（孙武）的后裔孙膑记录了公元前 4 世纪在战争中使用弩的情况。《墨经》中不仅讲到用通常的弩，也谈到用大的复合弩箭（弩炮）来攻城。

在公元 3 世纪以前的著作中，关于弩的记载已很丰富。《吕氏春秋》记述了青铜触发装置的精确性，它是中国人在发展弩方面取得的成就中，给人印象最深刻的。触发盒嵌入托中，在它的上面有一个槽，放弓箭或弩箭。弩的触发装置是一个复杂的设备，它的壳，包括在两个长柄上的 3 个滑动块，每件都是用青铜精铸而成的，机械加工达到令人难以想象的精确度。

战国时弩机的种类就比较多了。如夹弩、庾弩是轻型弩，发射速度快，通常用于攻守城垒；唐弩、大弩是强弩，射程远，通常用于野战。据《战国策》记载，韩国强弓劲弩很出名，有多种弩皆能射 600 步远。《荀子》也载有魏国武卒"有十二石之弩"等事例。

弩的发明、制作和使用，在战争中发挥了巨大作用。弩的数量在那时已十分可观。公元前 341 年，齐、魏两军在马陵开战，即著名的"马陵之战"。孙膑指挥齐军埋伏在马陵道两侧，仅弩手就有近万名。当庞涓率魏军经过此地时，万弩齐发，魏军惨败，庞涓自杀身亡。公元前 209 年，秦二世有 5 万名弩射手。公元前 177 年，汉文帝手下的弩射手数目与秦相差不多。但这并非意味着在当时只有几万副弩，《史记》记载，大约在公元前 157 年，太子掌管有几十万副弩的军火库。这就是说，2100 多年前，中国人已经有了成批生产复杂机械装置的能力，中国弩的触发装置"几乎和现代步枪的枪栓装置一样复杂"。

到了汉代，弩的制造有了进一步发展，并逐步标准化、多样化，不但有用臂拉开的擘张弩，还有用脚踏开的蹶张弩，但通常用的是六石弩。公元 1 世纪，格栅瞄准器得以发明并很快用于弩上，进一步提高了弩的命中率。这些格栅瞄准器在世界上是最早的，和现代的照相机和高射炮中的有关机械装置类似。三国时，诸葛亮还曾设计制造了一种新式连弩，称为"元戎"，"以铁为矢"，每次可同时发射 10 支弩箭。

弩是分工制作的，已发现的大多数弩的触发装置上都有制作者刻的名字和制造日期。弩的致命效用的原因之一是广泛采用毒箭。而且由于瞄准好的弩箭能够很容易地穿透两层金属头盔，所以没有人能抵挡得住。在以后的各朝代中，弩作为一种重要的兵器仍备受青睐，并得以进一步的改进和提高。1068 年有人敬献给皇帝的一种弩可以刺穿 140 步开外的榆木。还有一种石弩，它可用连在一起的两张弓组成，需要几个人同时拉弦，可一齐射出几支弩箭，

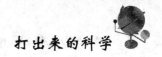

一次即可杀死 10 个人。在那时，手握弩可射 500 步远，在马背上时可达 330 步远。

增加弩的威力的要求，导致了 11、12 世纪弩机的发明。它克服了装箭的困难，可以快速连射。弩箭盒安装在弩托里的箭槽的上方，当一支弩箭发射后，另一支马上掉到它的位置上来，这样就能快速重复发射。100 个人在 15 秒内可射出 2000 支箭。连发弩的射程比较短，最大射程 200 步，有效射程 80 步。弩机在公元 1600 年的中国已广为流传，有不少样品至今仍保存在博物馆中。自明代以后，随着火药大规模的应用在战场上，火器逐渐取代了弩的地位。

弓、弩很早就由我国传入西方国家，但在欧洲战场上，弩的出现迟至中世纪。古俄罗斯的军队在公元 10 世纪开始使用弩，而西欧国家于 11 世纪末才"出现一个弓弩十分盛行的时期"。在弓弩的技术方面，西方大约落后于我国 13 个世纪。

抛石机与铸铁火炮

火炮，在战争史上一直是威力强大的兵器。关于火炮的起源，据英国科学史家梅森记载，欧洲几个国家发明火炮有据可查的年代是公元1380年、1395年和1410年。中国则比欧洲早了约1500年。

现代火炮的祖先，应该说是中国古代的抛石机。在中国古代，人们把抛石机、火药球、大口径管形火器和震天雷等，都统称为炮。以后因其外形和作用的不同，"炮"专指大口径管形火器。

抛石机约诞生于公元前250年的周代。最初人们用抛石机来抛投石块，火药发明后，又用抛石机抛投火药球。管形火器出现后，用火药在管内燃烧产生的气压将弹体喷射出去。经过以后不断的改进和完善，才发展成为现代的火炮。

火炮的雏形是创制于东汉末年的抛石火炮，又名"石火炮"，是在原石炮基础上改进而来。制法是将火药装成便于发射的形状，点燃引线后，由抛石机射出，"以机发石，为攻城械"，可击毁对方军营。《前汉书》中记载有"范蠡兵法，飞石重十二斤，为机发行三百步。"《三国志》记载了公元200年袁绍、曹操著名的官渡之战使用抛石机的情形："太祖乃为发石车，击绍楼，皆破，绍众号日'霹雳车'。"隋、唐以后，抛石机发展成为重要的攻城守城武器。在宋代，抛石机成为抛掷火球性火器的重要工具。元代战争中，金人在1232年抵抗蒙古人的一次战役中使用过的震天雷，其实就是用改进以后的抛石机投射的铁制炮弹。一直到明代，抛石机还被用于战争。在欧洲，抛石机出现于中世纪初期，一直使用到15世纪。16世纪末，由于火炮的应用，抛石机才被淘汰。

与"石火炮"曾并肩作战于战场的还有竹火炮，它最早诞生于中国宋代（1044年以前）。竹火炮以巨竹为筒，内装火药弹丸。发射时，点火使药燃烧，产生动力，将炮内弹丸发射出去，杀伤敌人。竹火炮虽不够牢固，

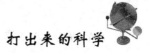

不经久耐用，连续发射容易烧毁，但在当时却是制造简单而性能先进的火炮。

最古老的金属火炮制造于何时呢？《元史》记载说，是南宋成淳七年（1271）开始制造的火炮，并很快用于战争。但据最新考古发现，最早的金属火炮则是甘肃武威出土的一尊西夏（1031～1227）铜炮。这尊铜炮及炮内遗存的火药和铁弹丸，出土于1982年5月。铜炮口径约10厘米，长1米，重108.5千克，由前膛、药室和炮尾3部分组成。整个铜炮造型简单，制作粗糙，除口沿外，其余均未铸固箍。和铜炮共存的有两件豆绿釉扁壶，敞口，卷沿，圈足，四耳，这是武威及宁夏等地多次发现的典型西夏器物。据此为佐证，专家认为这尊铜火炮无疑是西夏之物。

在此之前，国内外发现的金属管形火器中，铸造年代最早的是元至顺三年（1332）的铜火炮（现珍藏于中国历史博物馆）。这门号称"铜将军"的铜炮，口径为10.5厘米，长3.6米，重140千克。清代咸丰年间在南京出土了几百尊火炮，从炮上的铭文可以推断，中国在元末已开始大量制造和使用火炮。专家认为，武威铜火炮，是已发现的世界上最古老的铜火炮。因而纠正了《明史》"古所谓炮，皆以机发石，攻金蔡州城，始用火器，然造法不传，后亦罕见"记载的错误。武威铜炮内遗存的0.1千克火药和一枚直径约8厘米的铁弹丸，也是考古发现中世界上最早用于火器上的火药和铁弹丸，纠正了以往关于在16世纪才有铸铁弹丸的错误说法，把火炮弹丸的铸造历史提前了3个世纪。

中国的造炮技术发展是很快的，在欧洲还不知道如何炼铁时，中国人就已经完美地造出了铸铁大炮。炮口一般都刻有字，记下制造的准确年代。随着冶金术的发展，火炮的口径越来越大，炮管越来越长，炮身越来越重。《武备志》上记载了一门重达630千克的大炮，名字叫"常胜将军"。

到了明初，火炮的生产不仅种类多，而且质量也不断提高。此时，许多火炮还安装在炮车上，可以直接从车上发射，射程达数里，威力极大。火炮不仅用于陆战，而且还被广泛用于水上作战。明代中期（15世纪末），火炮的炮弹开始由实心弹发展成爆炸弹。当时有一种叫"八面旋风吐雾轰雷炮"的火炮，弹丸用生铁铸造，"用母炮送入敌阵，火发炮碎，霹雳一声，火光迸起，炮铁碎飞，劲如铅弹，人马俱伤"。这是世界上最早出现和使用的炮射爆

炸性炮弹。此期间火炮制造有了迅速发展，还诞生了连发炮。连发炮装有弹盒，一次可装 100 发炮弹。它由后部彼此相连的两门小炮组成。两炮安置于同一长炮筒中，当第一门炮发射完，炮筒马上转过来，第二门炮继续发射。以后又从外国引进一些大炮，对中国大炮的改进也起了一些作用，并开始把瞄准装置安装在大炮上。

在清代，中国的造炮技术进展十分缓慢，渐渐落后于西方国家。

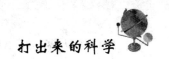

火焰喷射器

现代战争中，火焰喷射器在战场上大显身手，有着震撼人心的力量。火焰喷出后，喷口所指处刹那间一片火海，哪怕是再坚硬的金属，在火舌的吞噬中也会成为一片灰烬。但是，具有现代战争特征的火焰喷射器，却不是20世纪的发明。如果把火焰喷射器看作是一种战争中能不断喷射火焰的武器，那么它是中国人在公元10世纪发明的。

要说明火焰喷射器，首先要弄清这种武器喷射产生火焰的燃料是什么？按照英国科学史专家李约瑟的观点，火焰喷射器所喷射的燃料是汽油或煤油，换句话说，就是"石油的轻馏分"。李说"中国人可以通过蒸馏得到它，他们肯定使用了石油产品。"事实正是这样的，中国是最早使用石油的国家，早在汉代，人们便发现了石油的可燃性。开始时，人们只是用石油点灯，认识到用石油"燃灯极明"。在实际应用中，进而了解了石油的其他特性，把它用作润滑剂、粘合剂、防腐剂等，甚至将它入药。但它的主要用途，还是作为质地优良的燃料。它的优良性能，使人们考虑将它用于战争。火焰喷射器所使用的理想而合乎标准的优质燃料，正是石油及石油产品。

据史书记载，石油产品在中国第一次用于火焰喷射器，是在公元904年。路振的《九国志》中描述了在一次交战中，一方放出"飞火机"烧毁了对方的城门。公元975年，在长江的一次水战中也使用了一种能持续喷射火焰的武器。《南唐史》也有当年在战船上使用火焰喷射器以抵抗敌人进攻的记载。

我国在宋代建立了世界最早的石油炼油车间，开始从石油中直接炼取石油产品"猛火油"，所谓猛火油，是石油中沸点较低的一种成分。

由石油中提炼出了"猛火油"后，人们又考虑当喷射出的油在离开火焰喷射器时如何点燃？显然在它离开之前是不能燃烧的，否则使用这个武器的人本身就会被火焰吞没。古代的能工巧匠巧妙地解决了这个问题。他们在喷嘴前装上一根导火索，导火索内含有火药，这是火药这种物质在军事上的第

一次应用。由于这种火药含硝石量低，因此仅仅在导火线内发出火花和缓慢燃烧，而不会爆炸。燃料在喷出之后，在穿越空气时被导火索点燃，喷出熊熊烈火。

在机械装置上，中国古代人又发明了双动式活塞风箱，使连续喷射火焰成为可能。利用双动式活塞风箱不断地抽出容器中的猛火油，就可以连续喷出火焰。这是世界上第一具名副其实的火焰喷射器。火焰喷射器是用当时最好的含铜70%的弹壳黄铜制作的，由此也看出中国冶金术的高超。西方国家使用的原始的"火焰断续喷射器"，仅是利用一个单动式压力唧筒来泵出火焰，只有泵一下，才能喷射一次火苗。

公元1044年，火焰喷射器在中国的军队中已形成标准化。宋代曾公亮在所著的一部当时的军事百科全书《武经总要》中提到，如果敌人来攻城，这些武器就放在防御土墙上，或放在简易外围工事里，这样，大批的攻城者就攻不进来。书中有关于火焰喷射器的设计细节的插图。这具火焰喷射器的主体油箱由黄铜制成，有4条支撑腿，它以汽油为燃料。在它的上面有4支竖管和水平的圆柱体相连，而且它们均连在主体上。圆柱体的头部和尾部较大，中间的直径较小，在尾端有一个其大小如小米粒的孔。在头部有个直径约5厘米的孔，在机体侧面有一个配有盖子的小进油管。此书对火焰的燃烧进行了描述：油从燃烧室中流出，油一喷出，即成火焰。

李约瑟复原了火焰喷射器的机械操作部件，并得出结论说："两管在机体内暗连，这种设计和古代文献中的说明非常一致。随着活塞推到头，机器开始工作，两个连通的进油管交替封闭。"火焰喷射器可以不断喷射火焰，"就像双动式风箱不断鼓风，实现此目的的最关键的方法就是用一对内喷嘴，其中之一在返回冲程中从后部分隔间进油。"

芥末与粪弹

化学武器，在现代化的战争中有重要的作用。它可使敌方的士兵昏迷、耳聋、眼瞎，甚至死亡。据考古学家考证，中国是世界上第一个发明和使用化学武器的国家，中国人民在反对侵略者的战争中，为了保卫自己的家园，最早把带有毒气的烟雾使用于战争中。在中国民间，有一种最常用的消灭蚊子的物品——蚊香。蚊香就是世界上最早的化学武器，它产生的烟雾可使蚊子"昏迷不醒"。中国古代人民利用蚊香的原理，制造出了许多攻击敌人的化学武器。

利用化学武器进行化学战的历史，在中国有近3000年的历史。在墨家的著作中，记载有这样的史实：如果敌人围城并挖地道的时候，只要用风箱把炉子里燃烧的芥末所释放出来的气体灌入敌人挖的地道里，就可驱退围城的敌军士兵。这比在第一次世界大战中德军使用的毒气弹早2300多年。

中国古代的劳动人民通过长期的实践，不但制造出了芥气毒气弹，而且还在公元12世纪的战争中使用了"催泪弹"。据史料记载，宋朝时期，政府为了镇压农民起义，就使用过这种"催泪弹"。它所产生的烟雾能够使农民起义军"泪如泉涌"，迅速瓦解起义军的战斗力。

中国的火药武器发明后，各种化学武器也相继出现。据史料记载，11世纪时，也在中国，有人曾把各种稀奇古怪的药物，如砒霜、水银等东西，胡乱地掺杂在火药里面，使里面的各种物质发生化学反应，制成了"粪弹"，这应该是现代化学武器的先驱。据说这种"粪弹"投入敌军阵地后，可产生大量的烟雾，使敌军士兵迅速发生许多奇怪的症状，战斗力立即被减弱。

中国古代的劳动人民对各种药的药性都了解得非常清楚。如海豚油可使人的声音变得嘶哑，氯气能够使人的呼吸管道发生堵塞等。以后，中国人发明的利用化学武器打仗的方法传到了欧洲各国。1500年，达·芬奇设想用含

硫化物的烟和蟾蜍的毒液制成炮弹。1540 年，比林古西奥在《烟火药学》一书中，描绘了使用火矛的办法。火矛里面装有砒霜一类的有毒物质，用火点燃之后，能够吐出"炽热的火舌，有两三步远，使人毛骨悚然"。其实，这种令人毛骨悚然的化学武器也是中国人民首先创造的。

从化学武器中，我们可以看到中国古代劳动人民早已掌握了各种化学物质的性质，以及一些药物的独特作用，这对保卫祖国、反击侵略有着重要的作用。在近现代，中国虽然是化学武器的故乡，但自古爱好和平的中国人民遵守国际公约，在历次反侵略战争中从来没有使用过化学武器。

彝族葫芦飞雷

　　手榴弹是现代战争中经常使用的一种武器，无论是防守或进攻，它都能发挥出自己特有的威力。手榴弹这种武器，外国是在 20 世纪初期，日俄战争中才开始使用的。而在中国云南的彝族地区，这种武器却早在 18 世纪时就已经运用到了狩猎上。史料记载，19 世纪 50 年代的时候，中国曾经爆发了反对清朝的各民族农民大起义。其中，彝族的农民军就曾用手榴弹这种武器来打击清军，使手榴弹第一次发挥了克敌制胜的独特威力。

　　中国自古以来就是火药、火炮、突火枪等武器的故乡，这是举世公认的事实。但从 15 世纪以后，火药类武器在外国不断改进，发明出了许多新式武器。创造武器的权利似乎已经从古老的中国转向了西方。可事实并不是这样，因为中国的彝族人民，在这时又发明出了世界上第一颗手榴弹——葫芦飞雷。葫芦飞雷是中国古代的彝族人民在长期生产劳动的实践中发明的。当时发明葫芦飞雷这种武器，并不是用于打仗，而是用来狩猎。由于彝族人民生活在云南省的哀牢山地区，而且这里出产天然的火硝、硫黄、木炭，又种植葫芦，这为彝族人民创造葫芦飞雷提供了良好的物质条件。

　　彝族人民经过长期的实践，首先认识到了火药。又经过反复试验，终于制造出葫芦飞雷。这种"手榴弹"的导火索是只有当地才生长的一种引火草制作的。那时的"手榴弹"分两种，一种是短颈葫芦飞雷，这种"手榴弹"不是用手掷，而要借助一个网兜，先把葫芦飞雷的导火索点燃，然后赶紧放到网兜里，往目标投去，葫芦飞雷到达目标上空后，就会立即爆炸，放在葫芦里面的铁块、铅丸、石头等东西就会炸破葫芦。飞溅出来，杀伤目标，威力非常强大。此外，还有一种名副其实的直接用手投的手榴弹，叫"长颈葫芦飞雷"，这是因为制造这种手榴弹的葫芦的柄较长，便于用手拿。使用这种手榴弹作战，能够摧毁百米之外的一般建筑物。

　　到了 19 世纪，手榴弹已成为彝族人民反击清军的有力武器。当时，彝、白、傣、苗等少数民族的军队还没有火枪、火炮等比较现代化的武器，仍然使用刀、叉、戈、矛、弓箭等比较原始的武器。彝族军队为了改变这种武器上的劣势，调集了许多火药匠，由专人负责制造葫芦飞雷，并组建了一支专门使用"葫芦飞雷"的军队。当时，打击清军的彝军只有两三千人，而清军却有六七千人，并拥有大量的枪炮，他们并不把拿着刀、矛的彝军放在眼里。有一次，清军偶然看到彝军士兵每人都在腰上挂着几个葫芦，他们还感到很可笑，并不知道这些葫芦有什么用。有的清军官兵猜测说：彝军的士兵爱喝酒，这是装酒用的；有的清军官兵又说是干别的用的。这正如俗话中所说的："不知葫芦里装的什么药"。后来，彝军突然进攻，甩出了腰间的葫芦。霎时，火药、铅块、铅球、铁渣、石头等东西横飞四窜。清军士兵猝不及防，死的死，伤的伤。火炮、火枪的优势都失去了作用，哪还敢进行抵抗，惟恐跑得不快，丢了性命。后来，清军拣到一个未爆炸的葫芦飞雷，才知道彝兵发明了手榴弹这种威力独特的武器。于是开始着手进行仿制，但他们总是制造不好。主要原因是他们感到手榴弹的导火索不好仿造，使用一般材料，燃烧太慢，达不到速炸效果；而如果在导火索中加上火药，又燃烧太快，刚点燃就爆炸。因此，清兵始终未能仿制出这种手榴弹。

现在，手榴弹已经成为世界军器中的重要一员，而中国古代彝族人民发明的"葫芦飞雷"，则为手掷军器的发展打开了新的大门。

火　铳

南宋后期，由于火药的性能已有很大提高，人们可在大竹筒内以火药为能源发射弹丸，并掌握了铜铁管铸造技术，从而使元朝具备了制造金属管形射击火器的技术基础，中国火药兵器便在此时实现了新的革新和发展，出现了具有现代枪械意义雏形的新式兵器——火铳。

火铳的制作和应用原理，是将火药装填在管形金属器具内，利用火药点燃后产生的气体爆炸力射击弹丸。它具有比以往任何兵器大得多的杀伤力，实际上正是后代枪械的最初形态。中国的火铳创制于元代，元在统一全国的战争中，先后获得了金和南宋有关火药兵器的工艺技术，立国后即集中各地工匠到元大都（今北京市）研制新兵器，特别是改进了管形火器的结构和性能，使之成为射程更远，杀伤力更大，且更便于携带使用的新式火器，即火铳。

目前存世并已知纪年最早的元代火铳，是收藏于中国历史博物馆的一件元至顺三年（1332）铜铳。铳体粗短，重6.94千克。前为铳管，中为药室，后为铳尾。铳管呈直筒状，长35.3厘米，近铳口处外张成大侈口喇叭形，铳口径10.5厘米。药室较铳膛为粗，室壁向外弧凸。铳尾较短，有向后的銎孔，孔径7.7厘米，小于铳口径。铳尾部两侧各有一个约2厘米的方孔，方孔中心位置，正好和铳身轴线在同一平面上，可以推知原来用金属的栓从二孔中穿连，然后固定在木架上，如这一推测不错，则这个金属栓还能够起耳轴的作用，使铜铳在木架上可调节高低俯仰，以调整射击角度。

1961年张家口地区出土一件火铳，全长38.5厘米，铳管的筒部较细但口部外侈更甚，呈碗口状，口部内径12厘米，外径15.8厘米，故又称为大碗铳。此铳与前述元至顺三年铳基本属同一类型，也是安放在木架上施放的，被定为元代遗物。

与上面铜铳不同的另一类铜铳，口径较上一类小得多，一般口内径不超过3厘米，铳管细长，铳尾亦向后有銎孔，可以安装木柄。最典型的例子，是1974年于西安东关景龙池巷南口外发现的，与元代的建筑构件伴同出土，应视为元代遗物。铜铳全长26.5厘米，重1780克。铳管细长，圆管直壁，管内口径2.3厘米。药室椭圆球状，药室壁有安装药捻的圆形小透孔。铳尾有向后开的銎孔，但不与药室相通，外口稍大于里端。发掘出土时药室内还残存有黑褐色粉末，经取样化验，测定其中主要成分有木炭、硫和硝石，应为古代黑火药的遗留，是研究我国古代火药的实物资料。另外，此铳的口部、尾部及药室前后都有为加固而铸的圆箍，共计6道。与这件铜铳形状、结构大致相同的铳，在黑龙江省阿城县半拉城子和北京市通州区都出土过。这类铜铳尾部的銎孔，是用以插装木柄的。

　　将以上两类元代铜火铳比较一下，可以看出它们的不同特点。从重量看，前一类重而后一类轻。以至顺三年铳和西安出土铜铳相比，二者重量之比约为四比一；比口径看，前一类大而后一类小，前类超过10厘米，甚至超过15厘米，而后一类仅2至3厘米。仍以至顺三年铳与西安铳相比，二者口径之比约为四点六比一，也就是说前者约为后者的5倍，从使用方法看，前一类尾部銎孔粗，銎径以至顺三年铳为例，近9厘米。这样粗的銎孔如装以木柄，柄粗也应为9厘米左右，而单兵用手握持这样粗的柄是极困难的，何况还要点燃施放，铜铳还要震动，所以非用安放木架固定的做法才成。而后一类的柄径不过3厘米左右，正适于单兵用手握持施放。同时，从火铳本身的特点看，前一类口径大而铳体短，后一类口径小而铳体长。从以上几方面的分析比较看，它们确实代表了两种不同类型，前一类可以视为古老的火炮；后一类则是供单兵手持使用的射击兵器，可以说是近代枪械的雏形。

　　火铳这种新式兵器自元代问世之后，便以其由于青铜铸造的管壁能耐较大膛压，可装填较多的火药和较重的弹丸而具有相当的威力。又因它使用寿命长，能反复装填发射，故在发明不久便成为军队的重要武器装备。到元朝末年，火铳已被政府军甚至农民起义军所使用。《元史·达礼麻识理传》中便记有至正二十四年（1364）达礼麻识理为对抗孛罗帖木儿，布列战阵，军队中"火铳什伍相联"，可见装备的火铳数量已相当可观。

　　元末明初，太祖朱元璋在重新统一中国的战争中，较多地使用了火铳作战，不但用于陆战攻坚，也用于水战之中。通过实战应用，对火铳的结构和性能有了新的认识和改进，到开国之初的洪武年间，铜火铳的制造达到了鼎盛时期，结构更趋合理，形成了比较规范的形制，数量也大大增加。

从北京、河北、内蒙古、山西等地出土的洪武年间制造的铜火铳看，大致是前有细长的直体铳管，管口沿外加一道口箍，后接椭圆球状药室。药室后为铳尾，向后开有安柄的銎孔，銎孔外口较粗，内底较细，銎口沿外也加一道口箍。另在药室前侧加两道，后加一道加固箍。河北省赤城县发现的洪武五年（1372）火铳长 44.2 厘米，口内径 2.2 厘米，外径 3 厘米。铳身刻铭文"骁骑右卫，胜字肆佰壹号长铳，筒重贰斤拾贰两。洪武五年八月吉日宝源局造。"将它与内蒙古托克托县黑城古遗址发现的 3 件有洪武纪年铭文的火铳相比，可以看出它们的外形、结构和尺寸都大致相同。托克托出土的一号铳为洪武十二年（1379）造，全长 44.5 厘米，口内径 2 厘米。为袁州卫军器局造：二号铳洪武十年（1377）造，长 44 厘米，口内径 2 厘米，凤阳行府造；三号铳长 43.5 厘米，口内径 2 厘米，也是洪武十年凤阳行府造。以上 4 件洪武火铳铸造地点虽不在一处，但形制、结构基本相同，长度仅相差 1～10 毫米，内口径相差 2 毫米，说明当时各地铜铳的制造已相当规范化。

以上介绍的 4 件洪武火铳形体细长，重量较轻，应是单兵使用的轻型火器，亦可称手铳。明洪武年间还有一类口径、体积都较大的火铳，也称碗口铳，实物如现藏中国人民革命军事博物馆的一件，为洪武五年铸造，全长 36.5 厘米，口径 11 厘米，重 15.75 千克，铳身铭文"水军左卫，进字四十二号，大碗口筒，重 26 斤，洪武五年十二月吉日，宝源局造。"与元代大碗口铳相比，碗口不再向外斜侈而是呈弧曲状，铳管更粗，药室明显增大。山东地区发现的洪武年铸造的同类火铳，形状相同，唯口径更大。接近 15 厘米。口径增大，铳筒加粗且药室加大，使明代的大碗口铳较元代同类铳装药量更大，装弹量和射程也相应增大，因此威力也更强了。

上述明洪武年间制造的两类火铳，即手铳和碗口铳，无疑是直接继承了元代两类火铳的形制并发展而来，而且很快发展成枪、炮两个系列。

洪武初年，火铳由各卫所制造，如上述数件火铳，就包括袁州卫军器局造和凤阳行府造等等，到明成祖朱棣称帝后，为加强中央集权和对武备的控制，将火铳重新改由朝廷统一监制。早在洪武十三年时，明政府已成立了专门制造兵器的军器局，洪武末年又成立了兵仗局，永乐年间的火铳便是由这

两个局主持制造的。永乐时的火铳制造数量和品种都较洪武时有了更大的增长，并提高了质量，改进了结构，使之更利于实战。

从洪武初年开始，终明一代，军队普遍装备和使用各式火铳。据史书记载，洪武十三年规定，在各地卫所驻军中，按编制总数的百分之十装备火铳。二十六年规定，在水军每艘海远船上装备碗口铳4门、火枪20支、火攻箭和神机箭20支。到永乐时，更创立专习枪炮的神机营，成为中国最早专用火器的新兵种。明代各地的城关和要隘，也逐步配备了火铳。洪武二十年（1387），在云南的金齿、楚雄、品甸和澜沧江中道，也安置了火铳加强守备。永乐十年（1412）和二十年，明成祖朱棣令北京北部的开平、宣府、大同等处城池要塞架设炮架，备以火铳。到嘉靖年间，北方长城沿线要隘，几乎全部构筑了安置盏口铳和碗口铳的防御设施。火铳的大量使用，标志着火器的威力已发展到一个较高的水平。但是，火铳也存在着装填费时，发射速度慢，射击不准确等明显的缺陷，因此只能部分取代冷兵器。而在明代军队的全部装备中，冷兵器仍占有重要的地位。

综上所述，中国元末明初火器的发展，特别是明初洪武年间火铳的制造和使用，在当时世界兵器领域内是处于领先的地位。从明代中期以后，长期陷于发展迟缓状态的中国封建经济以及统治阶级的闭关锁国政策，使元末明初金属管形射击兵器发展的势头停滞下来。15世纪中叶以后，西方的火炮、火枪得到较快的发展，而中国的兵器在很大程度上仍沿袭祖制，有些手铳的形制甚至百年一贯制。火药兵器没能在自己的故乡引起革命的变革，而当它传入欧洲后，资本主义新型生产关系的兴起却使它发挥了革命的作用。资本主义制度的胜利，更促进了枪炮的改进和扩大生产。到明中叶，发明了火铳的中国不得不从国外舶来品中汲取养分，仿制了比火铳更先进的"佛郎机"和"红夷炮"，以及单兵使用的鸟铳等，中国火器的制造又进入了一个新阶段。

地　雷

地雷是现代战争中最常用的一种武器。尤其在第二次世界大战中，地雷的作用非同小可，许多著名战役的胜利都和地雷分不开。现在的地雷有好多种，不但能够损伤敌人的步兵，还能够炸掉坦克、大炮、汽车等。现在的地雷不仅管地，而且还管到了天上，如"防空地雷"等，可以说是"天雷"了。这些战场"神兵"，最早发明和使用它的国家是中国。

据史料记载，公元1130年，宋军曾经使用"火药炮"（即铁壳地雷）给攻打陕州的金军以重大创伤。比较准确的历史记载和"地雷"一词的出现，是在明代。《兵略纂闻》上说："曾铣作地雷，穴地丈余，柜药于中，以石满覆，更覆以沙，令于地平，伏火于下，系发机于地面，过者蹴机，则火坠落发石飞坠杀，敌惊为神。"

明代宋应星著的《天工开物》一书中，也介绍了地雷，并且还绘制了地雷的构造图样，以及制作方法和地雷爆炸时的形状。

从以上几个方面的记载来看，地雷出现在战场上，最早可以追溯到宋元，最迟不晚于明代中叶。到明末时期，就已经有了"地雷炸营"、"炸炮"、"无敌地雷炮"等多种地雷武器。在使用方法上也发明了踏式和拉火式两种。可见，当时地雷已经在全军中普遍使用起来了。

火　箭

　　火箭是目前人类发明的一种速度最快的航天器，它的用途很广泛。在现在的高科技时代，火箭为人类做出了许多的贡献，如送各种人造卫星上天，送宇航员登上月球。就像古代神话《西游记》里的孙悟空一样，眨眼之间就能够飞出十万八千里，速度非常快。有时，火箭也会用在军事上，如发射洲际导弹等。然而，更值得中华民族骄傲的是：火箭最早起源于中国，它是中国古代重大发明之一。

　　由于古代中国火药的发明与使用，为火箭的问世创造了优良的条件。北宋后期（距今约近800年），中国就发明了用于观赏的火箭。南宋时期出现了军用火箭。到明朝初年，军用火箭已相当完善并广泛用于战场，被称为"军中利器"，是当时杀伤力最大的一种火力武器。但早期的火箭射程很近，射击的目标散布太大，命中率不高，所以在后来逐渐被新兴的火炮所代替。

　　第一次世界大战后，随着科学技术的进步，各种火箭武器迅速发展，并在第二次世界大战中显示了威力。1944年，德国首次将有控弹道式液体火箭用于战争。二战后，苏联和美国等相继研制出包括洲际导弹在内的各种火箭武器和运载火箭。在发展现代火箭技术方面，中国科学家钱学森，德国工程师布劳恩，苏联科学家科罗廖夫都做出了杰出的贡献。

二、陆军武器

古代武器和现代武器的结合——刺刀

刀和剑是古代战争中经常使用的武器。大约在 1640 年，刺刀作为前装滑膛枪的配装武器，创制于法国东南部的巴荣讷城。事实上法文"刺刀"一词就是由该城的名称演变而来，并一直沿用至今。

刺刀主要配装于步枪上，它使用的鼎盛时期是在第二次世界大战以前。当时单发步枪是各国步兵的主要武器，火力较弱，刺刀作为一种重要的战术突击的格斗武器极受重视。新式刺刀在保留拼刺功能的同时，还具备多种军事生活功能，可以切、割、锯、剪铁丝、开罐头、起螺钉等。

最早的法国刺刀非常死板，它直接套塞于枪口上，完全堵塞住枪口，因而无法自枪口装填子弹或射击。这种呆板的设计直到 17 世纪后期或 18 世纪初期才有所改变，人们将刺刀卡装在枪口旁侧，前面仍可以装填子弹或射击，至此，刺刀才初具现代风貌。

第二次世界大战后期，美军根据特种部队以及军官使用手枪很少的情况，开发出不装配刺刀的 M1 卡宾枪代替手枪，这是由于军队一开始认为卡宾枪枪

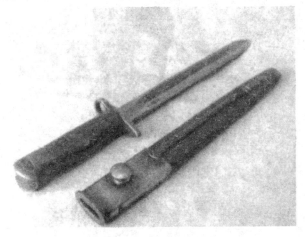

刺刀

刺刀

管较短较薄,肉搏时比较容易损坏。但事实显示还是有不少需要使用刀械的场合。于是,美国人在 1943 年初期设计了一种易于制造,生产快速并且成本较低的制式格斗短刀,即 M3 格斗刀。1943 年 10 月,由于部队传出卡宾枪仍应配备刺刀的声音,美国陆军因而开始测试 M3 格斗刀改良版及其他三种刺刀。但后来因为厂商延误,第二次大战后期仅有少数配发。

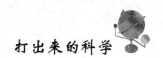
在军队获得广泛应用的手枪

我国的四大发明中很重要的一项就是火药。火药传入西方的结果就是产生了形形色色的武器，使人类从冷兵器时代进入了热兵器时代。手枪就是火药催生的。

手枪是士兵们打仗和警察执行任务时最经常携带的武器。它形体比较小，使用方便，能在紧急状态下快速拔出，因此很受欢迎。手枪自诞生以来有过各种各样的型号，每个国家生产的手枪又有不同，如果到军事博物馆去参观，一定会有琳琅满目的感觉。比较有名的手枪如美国的 1911 式 45 口径手枪，由约翰·M·勃朗宁发明，是第二次世界大战时期最著名的美国手枪。

在西美战争期间，美军普遍反映小口径的左轮手枪威力不足，军队急需一种有较大威力的大口径手枪。在这种要求下，1911 式 0.45 英寸口径的勃朗宁手枪诞生了。到第一次世界大战结束，60% 在法国的美军士兵都配备了它。第一次世界大战后，设计师又对它的扳机、撞针、握把和结构做了改进，使

奥地利自动手枪

比利时勃朗宁手枪

它更轻便。在第二次世界大战期间，它只配备给军官和班长，可是在前线许多士兵都想方设法搞到一把 1911 式手枪，因为它被认为很可靠。战争期间危险重重，但几乎所有的士兵都认为一把 1911 式能够给人带来安全感和心理慰藉。直到 1984 年，它仍然是标准的美军随身武器。

步枪的发展历程

  步枪分自动步枪、半自动步枪和卡宾枪。步枪的最早原型，是中国古人发明的突火枪和火铳，后经过火绳枪、燧发枪的演变，才逐步发展成为现代步枪。

  古代的火枪大都是从枪口装填弹药，枪膛内无膛线的前装式滑膛枪。最早的枪膛内带有膛线的火枪诞生于15世纪初的德国。但当时还只是直线形的沟槽，这是为了更方便从枪口装填弹丸。

  据文献记载，15世纪意大利已有螺旋形膛线的枪支。空气动力学表明，螺旋形膛线使弹丸在空气中稳定地旋转飞行，可提高射击准确性和射程。线膛枪也被称为"来复枪"。17世纪初，丹麦军队最先装备使用了来复枪。但来复枪制作成本高。而且从枪口装填弹药容易手忙脚乱，因此许多国家的军队不愿装备使用这种枪支。

  1865年德国人发明了"毛瑟枪"，这是最早的机柄式步枪，后来又进行了很多改进和完善。"毛瑟枪"具备螺旋形膛线，采用的是金属壳定装式枪弹，使用无烟火药，弹头为被甲式，提高了弹头强度。这种枪由射手操纵枪机柄，就可实现开锁、退壳、装弹和闭锁的过程。经过一段时间的改进，毛瑟枪安装了可容8发子弹的弹仓，实现了一次装弹、多次射击。毛瑟枪还缩

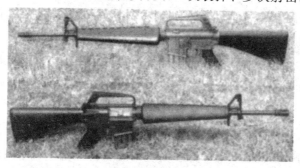

美国 M16 步枪

美德联合研制的 XM8 步枪

小了枪械的口径，并提高了弹头的初速、射击精度、射程和杀伤力。毛瑟枪完成了从古代火枪到现代步枪的发展演变过程，可以视作是现代步枪的先驱。

短步枪又称为卡宾枪、短自动步枪。首先使用短步枪的是骑兵，因此短步枪也被称为骑枪、马枪。目前各国军队已经装备或正在研制试验的小口径步枪都具有突击步枪的性质，因此人们又把短步枪称为短突击步枪。短步枪使用与同族步枪一样的弹药，结构上也一样，只是枪管截短，枪长缩短，重量减轻，这就使得设计师们在枪的使用寿命做了一些让步，而把更多的注意力放到如何使枪更为轻便上。由于枪长缩短了，弹头能量会有所下降，有效射程也相应有些缩短。虽然短步枪的寿命和威力比不上步枪，但对使用它的部队来说，完成战斗和自卫任务绰绰有余。

随着战场上对步枪的机动性要求越来越高，以及步枪在战场上的火力地位变化，步枪长度逐渐变短，伴随而生的短步枪也就不断缩短，现在的很多步枪比早期的短步枪还要短一些。

机枪的发明

从战争影片中看，机枪的特点是可以扫射，成批地杀死敌人，是最受陆军部队青睐的装备之一。

对于枪械射击自动化，中国清代就有相关的记载。19 世纪 80 年代以前，一些国家使用多根枪管交替发射的连发枪，其中以美国发明的手摇机枪最著名。

1883 年，英籍美国人马克沁受枪械射击后坐现象的启发，研制出世界上第一挺以火药燃气为动力的机枪。它的工作原理是这样的：前一发子弹射击

美国 MG43 通用机枪

美国 M2HB 重机枪

中国 81 式班用步枪

时产生了火药气体后坐力，利用这种后坐力可以使枪膛闭锁机构打开，弹壳弹出后，下一发子弹进入枪膛。然后复进机构回转封闭枪膛，同时引动击发装置，再次发射子弹。因此只要扣住扳机即可连发不断。供弹方式以弹链式为主，也有弹夹式和弹鼓式。

马克沁的发明也为自动步枪、自动手枪等自动化武器的研制奠定了基础。为了能使机枪紧随步兵作战，1902 年丹麦人麦德森研制出轻机枪，这种机枪有两脚支架，带有枪托，可以抵肩射击。

第一次世界大战时，机枪成为最有杀伤力的武器。另外，大口径机枪的出现提高了机枪的威力。第一次世界大战后，德国研制了 MG34 通用机枪，可以完成所有机枪的任务。第二次世界大战以后各国都发展和装备了通用机枪。

在现代战争条件下，机枪趋于小口径化和枪族化，机枪配用现代观察瞄准装置后，进一步提高了机枪的全天候作战能力。

世界闻名的冲锋枪

在一些战场环境下，例如乘车作战、空降作战或特种作战时，机枪和步枪的携带就有些不方便，而手枪的威力又太小，于是，一种用双手握持发射枪弹的单兵连发枪械应运而生，它就是冲锋枪。

冲锋枪是一种介于手枪和机枪之间的武器，在200米以内有良好的杀伤效果。它短小精悍、火力迅猛、携带方便，适用于近战、巷战和冲锋。冲锋枪一问世就受到人们的偏爱，成为枪械王国中冉冉升起的一颗新星。它是陆军部队重要的装备，是一种步兵武器。

冲锋枪的工作方式有两种，半自动式和全自动式。第二次世界大战期间，有两种冲锋枪世界闻名，这就是英国的斯坦因冲锋枪和美国的汤姆森冲锋枪。前者廉价、设计简单、易于大量生产。在第二次世界大战中，这种枪产量超过400万支，为英国抗击德国法西斯立下了赫赫战功。后者最大优点就是性能稳定，能够在恶劣的条件下发挥出应有的威力。

1915年，意大利工厂制造出一种发射手枪弹的双管连发武器，被称为帕洛沙冲锋枪，这是世界上首次出现的冲锋枪。但由于它比较重，很难适应单

轻武器装备冲锋枪

德国 HK 公司 MP5 冲锋枪

德国 MP7 冲锋枪

兵作战使用，因此还不是真正的现代冲锋枪。世界上第一支真正的现代冲锋枪是 1918 年德国研制并配发给前线部队的 MP18 式冲锋枪，它的改进型号为 MP18I。这种冲锋枪在战争中发挥了很大的威力，以至于第一次世界大战结束后签订的《凡尔赛公约》明文禁止战后保留的 10 万德军再装备 MP18I 式冲锋枪。

第一次世界大战结束后，冲锋枪进入新的发展阶段，很多国家纷纷研制，形成第一代冲锋枪。第二次世界大战期间是冲锋枪发展的黄金时代，并逐步形成了第二代冲锋枪。

中国于 20 世纪 20 年代开始生产冲锋枪，但直到 50 年代还都是仿制外国冲锋枪。1964 年，新中国自行设计制造了第一支 64 式 7.62 毫米微声冲锋枪，填补了中国武器装备的一个空白。

无托步枪的好处

　　无托步枪是英国人发明的，但奥地利人的制作工艺世界领先。他们的5.56毫米 AUG 步枪成了当今世界无托步枪的杰出代表。

　　AUG 步枪自1970年问世以来广受关注，十多个国家选用了它。它以其先进的技术跻身世界著名步枪前列。在1991年海湾战争中，经战火检验，士兵普遍反映它外观新颖、结构紧凑、操作简单、射击平稳、精度较好、携带方便。AUG 步枪比同口径步枪短约1/5。这是因为它采用了无托、积木式结构。无托实际上是将传统的枪托往前移到机匣处，包住整个机匣后部和发射机构，使自动机能在枪托内运动，从而缩短了枪长。在积木式结构里，有枪管组件、机匣组件、发射机组件、自动机组件、枪托组件和弹匣组件等6大部件，零部件看起来很少。各部件组装拆卸快捷，枪管几秒即可取下。人们在电影里看到的枪手卸装步枪，有不少就是用这种枪的模型。

　　AUG 步枪受到世界各国军事界的赞美，它那果酱色的外观透出柔美。女兵们特别喜欢使用它，原因是它不重，空枪仅3.4千克；双手握持抵肩射击

伊朗 KH－2002 式 5.56 毫米无托步枪

无托步枪

时感觉相当舒服，还能很快变成单手持枪自动射击。

男兵们更喜欢它，称它为"魔方步枪"。根据战斗需要，把不同长度的枪管更换，转眼间它就由普通步枪变成了卡宾枪、冲锋枪、伞兵枪和轻机枪（另配两脚架），真可谓百变神枪！

AUG步枪采用较多的塑料机件，连击锤、阻铁、扳机、弹匣也用塑料制成。采用耐冲击塑料件，不仅加工容易，不生锈，而且强度特别好。例如双排压弹的塑料弹匣强度惊人，用两吨重卡车来回碾压，它也不会破碎。而且，它的弹匣是透明的，士兵们可以随时看清存弹量。

AUG步枪采用单连发扳机，省却转换快慢机的动作，加快了火力变换。枪的两侧都有抛壳窗，可改变抛壳方向。左撇子也可以很方便地使用它。它的后部宽大，这是它与其他无托步枪的一个明显区别。后部宽大的空间既可容纳枪的机件和保养附件，也能存放士兵的日常生活小用品，士兵们对这种贴心的设计非常欢迎。

现在奥地利已经推出了改进型AUGA2步枪，突出的改进是机匣和瞄准具可分离，机匣左侧增加了可折叠的滑板，减少枪落地摔裂的危险。新安装的全息瞄准具技术先进。它的显示屏不会割裂视野，射手可双眼睁着瞄准。显示屏显示图像很大，射手们可以快速地捕捉目标。

敌军坦克的克星

俗话说，"卤水点豆腐，一物降一物"，在战场上也是这样。轮式自行反坦克炮就是专门对付坦克的武器。

反坦克炮是坦克的老对手，是最早的反坦克武器，并在一个较长的时期内得到了广泛的使用，发挥过重大作用。据说在第二次世界大战期间德军所损失的坦克中，有60%是被反坦克炮击毁的。

20世纪80年代以来，世界上出现了一股轮式自行火炮的发展热潮。在这里面尤为引人注目的是轮式自行反坦克炮。这些轮式自行反坦克炮是将原主战坦克使用的105毫米或120毫米高性能坦克炮改造，安装在战斗全重仅为20吨左右的轮式装甲车底盘上，构成一种火力与机动性高度结合的所谓"小车扛大炮"式的轻型自行反坦克武器。它的火力可与主战坦克相媲美，而整体重量却只是主战坦克的三分之一左右。

主战坦克装甲技术的发展是迅速的，第一、第二代反坦克导弹已难以对付主战坦克的反应装甲，第三代反坦克导弹也只能勉强对付。相反，用高膛压反坦克炮发射动能穿甲弹却能有效地对付当前主战坦克，它具有摧毁未来

中国89式120毫米自行反坦克炮

德国 80 毫米反坦克炮阵地　　　　　　　坦克在现代战争中的作用越来越大

主战坦克装甲的潜力。同时，高性能反坦克炮还具有初速大、射速快、近距离精度高（配用现代火控系统可提高远距离精度）和反应灵活等优点，它将成为一种比现有反坦克导弹威力大得多的反坦克武器。有人预言，在未来战争中，自行反坦克炮有可能取代一部分车载反坦克导弹。

现代主战坦克块头大、结构复杂、价格昂贵，不可能作为专用反坦克武器大量装备使用。这是反坦克炮受到重视的很重要的原因。近年来，西方国家一直有人主张使用一种轻型、快速、价格低廉的装甲战车来对付敌人的坦克装甲部队，而自己的主战坦克则可从反坦克防御任务中解脱出来，专门用于完成进攻的任务。轻型轮式自行反坦克炮很有可能成为这种轻型装甲战车较为理想的选择对象。同时，轮式自行反坦克炮空运起来很方便，机动灵活，在快速部署部队中，它甚至有可能取代坦克的作用。作为火力支援武器使用时，轮式自行反坦克炮还可为非装甲部队提供直接的机动火力支援。

高射炮的发明

　　高射炮是一种从地面对空中目标射击的火炮，简称高炮。高射炮的出现很明显是为了打击空中目标，但是，是不是它一开始出现就是为了打击飞机呢？

　　1870年7月，普鲁士（也就是后来德国的主体）与法国之间的普法战争爆发。9月普军包围了巴黎，切断了它与外界的一切联系。法国政府为突破包围，在10月初派内政部长乘气球成功地越过普军防线，到达距巴黎200多千米的都尔城，组织新的作战部队，并通过气球与巴黎政府保持联系。普军当然不能任法国人坐着气球在自己头上飞来飞去，立即下令制造专门打气球的火炮。很快，这种炮就造出来了，它的口径为37毫米，装在可以灵活移动的四轮车上，由几个士兵操作火炮改变射击方向和位置，可以追踪射击飘行的气球。一时间，法国的气球纷纷落地，普鲁士发明的这种炮因此得名"气球炮"。它可以说是专为对付飞机的高射炮的初始原型。

　　德国人在"气球炮"的基础上发明了第一门高射炮。因为飞机一出现立即就被用在了军事上，德国人为对付飞机和飞艇的威胁，必须组织人员研制

日本87式35毫米自行高射炮

中国 95 式 25 毫米自行高射炮

对付这些飞行器的专用火炮。1906 年，德国的爱哈尔特公司（即今天著名的莱茵金属公司）对"气球炮"进行了改进，设计制造了一种打飞机、飞艇的专用火炮，这就是世界上第一门高射炮。这门高射炮装在汽车上，有防护装甲，口径为 50 毫米，最大射高4 200 米。

1908 年，德国有名的克虏伯兵工厂研制出一种性能较优越的高射炮，首次采用了门式炮架和高低射界的控制手轮，使火炮的发射速度有较大提高。1914 年，德国又研制出一种新的高炮，它采用了装在四轮炮架上的简单炮盘，炮盘折叠起来便于牵引行进，炮盘打开即可对空射击。这种炮盘为后来乃至现代的牵引式高炮所采用。这种 77 毫米高炮是结构比较完整的最早的牵引式高炮。

第一次世界大战中，高射炮开始装备简易的瞄准装置和射击指挥仪。德国在 1917 年研制成功一种 20 毫米高射炮，它射速高、操作灵活，是世界上第一种能连续射击的高射火炮，为后来小口径高炮的发展开创了先河。高射炮的迅速进步，给军用飞机造成严重威胁。事实上，发明高射炮的德国人也深受其苦，1918 年 9 月，德国派出 50 架飞机轰炸法国巴黎，有 49 架被高射炮击落。

第二次世界大战中，高射炮在瞄准、跟踪、自动装填等方面又有了新的进步，在防空作战中发挥了重要作用。20 世纪 50 年代以后，飞机飞行高度的提高和防空导弹的使用，使大中口径高射炮渐遭淘汰。但射击速度快、火力密集的小口径高射炮可以直接对付低空飞行的敌机，因此，现在要说淘汰高射炮还为时过早。

主战坦克与特种坦克

坦克是英文"TANK"的音译。英文的原意是"水柜"。1915年3月，英国的两位海军上校设计出一种履带式的"陆地战舰"，当时还没有坦克这种称呼，为了保密，这两位上校就给它取了一个名字叫"水柜"（英文 TANK）。从此坦克这个名字就叫起来了。坦克从诞生到现在经历了八十多年的发展，变成了一个十分庞大的家族。它也是重型机械化部队必不可少的装备。

坦克一般由6大部分组成：武器系统、通信系统、电器设备、防护系统、推进系统和特种设备。坦克从诞生以来产生了很多的类型，在许多战场上也是历经风风雨雨。除了主战坦克之外，还有特种坦克，指装有特殊设备、担当专门任务的坦克，如侦察坦克、空降坦克、水陆坦克等。

"骨架式"坦克是美国一家公司于1918年设计的坦克。它以英国的Ⅱ型坦克为基础，为降低车重，它"光有骨头没有肉"，指的是它仅仅中央的箱形操纵室有12.7毫米厚的装甲，其他部位都没有。这种坦克仅停留在样车研制阶段，还没有真正制造出来。

过顶履带式坦克是为对付壕堑战而设计的。它的履带很长，着地的时候在3~4米以上。当它过战壕的时候，不会掉下去，就像汽车遇到一条手指宽的裂缝一样。压铁丝网也是它的"拿手好戏"，但高大笨重却是它的致命弱

巴基斯坦90式主战坦克

中国 T-98 主战坦克

日本74式主战坦克

点。早期的英国坦克都是这种结构，有Ⅰ－Ⅹ型，其中以Ⅰ型和Ⅳ型最著名。

侦察坦克是在战场上担任侦察任务的坦克，它属于特种坦克的一种。它多为轻型坦克，配属给装甲兵或步兵侦察分队。轻型坦克的形体小，行驶噪声低，利于隐蔽，又有一定的火力和防护力，很适于担任战场侦察任务。

空降坦克也是一种特种坦克，它是能实施空中机动、空投或空降的坦克，多为轻型坦克或超轻型坦克，一般配属给空降师。它能远距离机动，特别适合抢占机场、指挥中心、交通枢纽等战略要地，达成战役的突然性。

英国的"挑战者Ⅱ"与"挑战者Ⅰ"主战坦克

"挑战者Ⅰ"主战坦克于 1983 年开始装备英国陆军，是当时世界上防护能力最先进的主战坦克。1991 年，装备有"挑战者"主战坦克的英军第 1 装甲师参加了海湾战争，表现出色。在一次夜战中，装备有先进的夜视系统的176 辆"挑战者"坦克与伊拉克的一个坦克师展开激战，结果摧毁伊军 200辆 T-62 坦克、100 辆装甲车和 100 门火炮，伊军坦克师全军覆没，而英军几乎没有损失。"挑战者"的上佳表现，获得英、美军方的一致好评，甚至前苏联军方也对这种坦克给予了充分的肯定。

早在 1987 年，英国就开始在"挑战者Ⅰ"的基础上着手研制"挑战者Ⅱ"主战坦克，1990 年 9 月完成论证工作。与"挑战者Ⅰ"相比，"挑战者Ⅱ"重新设计了炮塔，采用新的火炮及火控系统，改进了动力装置并匹配了性能可靠的变速箱，加装了液压履带调整器等，在火力、机动性和防护力方面都有明显的提高。

"挑战者Ⅱ"主战坦克战斗全重 62.5 吨，乘员 4 人，发动机功率 1200 马力，最大公路行驶速度 56 千米/时，最大公路行程 450 千米。主炮为 1 门 L30型 120 毫米线膛炮，身管内壁镀铬，这既有利于延长使用寿命，又能获得更稳定的射击精度。

英国"挑战者Ⅰ"主战坦克

英国的"挑战者Ⅱ"主战坦克

英国的"挑战者Ⅰ"号主战坦克

坦克的火控系统采用了最新一代数字式火控计算机、炮控装置、车长和炮长观瞄仪器等。炮控装置是全电子控制装置。车长、炮长观瞄仪包括车长和炮长各自的稳定式瞄准镜。车长的独立稳定式瞄准镜无须转动镜头就能进行360度观察，它与激光测距仪、热成像仪综合，使车长具有超越炮长控制和发射火炮的能力。这种坦克装有1553B型数据总线，加上全电子炮控装置，使火控效率大大提高，无论是使用光学瞄准镜或热成像仪，完成标准的作战程序最多不超过8秒。

"挑战者Ⅱ"主战坦克车体和炮塔均采用第二代"乔巴姆"复合装甲，这种装甲防御动能弹和化学能弹的效能极佳，必要时还可在车首和车体两侧加装反应式装甲以提高防护能力。

这种坦克在设计上还采用了一定的隐身技术，可以减弱在雷达荧光屏上的图像特征，并可通过向排气管中喷入柴油和发射烟幕弹来产生自身防护的烟幕。坦克炮塔尾舱中安装有三防装置，使坦克具有在核、生、化条件下作战的能力。车内首次设有乘员环境温度调节系统，在冷、热气候条件下，可给乘员提供暖气或冷气，使乘员摆脱了以往那种舱内寒暑逼人的局面，能有效地保持战斗力。

战斗侦察装甲车的先进性

现代战争中的侦察要具有高智能水平，能对迅速变化的局势做出迅速反应，具备广阔的视野和优质的通信能力，同时不易被敌方发觉，另外还要能高度机动，具有可靠防护和较强的炮火反击能力。

侦察战车一般装备有柴油发动机、液压机械传动装置以及优质吊架，这些保障了侦察车具有较高的机动性能和高速行驶能力，可跨越自然或人工设置的障碍，甚至可以利用跳板完成 10 米距离的跳跃。和装甲坦克设备来相比，侦察战车的负荷水平和内部噪音水平较低，驾驶时的体力负荷仅相当于现代化轻型汽车的水平。另外，后视电视系统也可帮助保障较高的机动性能。

侦察战车有较强的防护能力，采用多层防护系统。首先是较高的速度和机动性能；其次是较强的隐身性能，可降低被雷达、热学、光学波段发现的可能性。车身采用特殊形状，使用特种材料和保护层，一般的雷达很难发现它们。在车上使用无照明设备的夜视仪，这可降低被热学仪器发现的可能。防护激光波束发现的自动系统可在有激光束射来时，向乘员通报光源，并发射炫目烟雾弹。现代化坦克设备所使用的装甲防护设备，可在 35 毫米火炮的

轮式装甲侦察战车

装甲输送车

攻击下安然无恙。

现在比较先进的侦察战车是白俄罗斯与俄罗斯合作开发出的"2T"型新式装甲侦察车。它采用最先进的设计方案，将已在多种俄式装甲战车上使用的先进技术、武器、部件进行了最佳组合，使侦察战车的性能取得了突破性提高。它的侦察设备包括一套新型多波道24小时全天候光电子系统，可自动选择和监视移动目标，能用激光和光学手段判定侦察车与目标间的距离，可远距离自动传送侦察到的情报。

这种战车能储存大量弹药、燃料、水和食品，在失去后方和基地供应的情况下，它也能长期独立执行战斗侦察任务。

此外，战车上还可放置大量地雷，乘员在进行破坏活动或为专门设备护行时可以手动布雷。真是难缠的侦察车呀！

美国 ROBAT 遥控扫雷车

在现代战场上，反坦克地雷已成为坦克和装甲部队实施机动的一大障碍。美军为了提高在反坦克地雷场中开辟通路的能力，从 1981 年起就着手研制 ROBAT 遥控扫雷车。ROBAT 是 Robotic Obstacle Breaching Assault Tank 的缩略语，它的意思就是机器人式清除障碍突击坦克。

扫雷车的设计可谓费尽心思。第一辆 XM1060 型 ROBAT 扫雷车样车于 1986 年 3 月 17 日在美国阿伯丁试验场进行性能考核和整车试验。试验中使用了一辆 M113 装甲车，车上安装了遥控装置，以实施机动操纵。这种车将机械扫雷和爆破扫雷集于一体，车后还装有通路标示系统，驾驶员既能在车上操纵，又能遥控操纵，从而同时具有发现雷场、开辟通路和标示通路的能力。在目前各国装备或研制中的扫雷车中，ROBAT 扫雷车处于领先地位，它大大增强美国陆军的扫雷实力。

遥控扫雷车的主要扫雷手段是使用辙式扫雷滚轮，扫雷滚轮装在车前距

美国 ROBAT 遥控扫雷车

中国 GSL131 机械爆破扫雷车

履带 6 米处。每组扫雷滚轮的扫雷宽度为 1.83 米，扫雷速度为每小时 16 千米，对埋在地下 10 厘米深处的压发地雷，扫除率高达 90%。在两组滚轮间还有一条链枷，用来扫除带有触发杆引信的地雷。扫雷滚轮的使用安全可靠、而且可以重复使用。

爆破扫雷是利用炸药爆炸产生的超压来诱爆地雷。美军于 80 年代中期研制了 M58A1 扫雷直列装药。这种装药分别置于车体两侧的两个装甲箱内，拖曳装药的火箭弹固定在装甲箱顶板下，与箱内装药相连。当发射火箭弹时，顶板在枢轴上转动展开，赋予火箭弹发射角度，火箭弹带动装药迅速飞向雷场上方，然后由定距绳控制装药前进并将其拉直，最后起爆，以引爆爆炸范围内的地雷。

以往的扫雷车开辟出的通路无明显标志，不利于后续部队的通行。为弥

火箭扫雷车

中国 425 毫米火箭布雷车

补这一不足，美军在遥控扫雷车的后部安装了通路标示系统。这是一个轻型的装甲盒，内装能产生化学发光的"光棒"。当扫雷车在雷场中行进时，由操作手通过遥控装置启动通路标示系统，在已开辟的雷场中标明通路。无论白天或黑夜，光棒都能为后续坦克指引安全通路。

ROBAT 扫雷车安装了新的无线电/光纤控制系统，在车前装有电视摄像机，并用光纤电缆与遥控操纵盒相连，光纤可长达 2 千米。当车辆在操作手的视线内时，无线电通信是遥控的主要方式。操作手可用这种控制系统在远处控制发射引爆地雷用的直列装药、控制车辆的行驶和制动等。

ROBAT 扫雷车采用了 M60 系列坦克底盘，因此能伴随装甲部队一起行动，驾驶员也可在车上操纵，在机动性、防护力和零配件供应方面能与装甲部队一致。

美国的"隼"式特种突击车

海湾战争中,"隼"式轻型高速攻击突击车出尽了风头。"隼"性能优异,快速敏捷,大战开始不久,便抓住战机开足马力,直插距科威特市区15千米的科威特国际机场,成为进入科威特的第一种军用战斗车辆。"隼"式轻型高速攻击突击车,在海湾战争中被称为"沙漠甲虫",是由"沙漠甲虫"赛车演变而来。

"隼"式轻型高速攻击突击车空车重950千克,战斗全重只有1.63吨。这种车从0加速到时速48千米只需4秒,能轻松爬上60%的斜坡,平时的行驶速度在每小时80千米以上,对各种复杂地形上都有较好的适应能力。

车上设备可谓武装齐全。有现代化的通信器材、夜视装置和卫星全球定位仪。这种突击车是真正的夜猫子,即使在漆黑的夜色中,不用开灯也能准确无误地迅速驶向目的地。

"隼"式突击车配备了比较强大的火力,装有机枪、榴弹发射器、导弹发射架,有的还装有线制导"陶式"导弹。这种不亚于装甲运输车的火力配置,使它具有强大的攻击杀伤力。战时它还可以在地形起伏炮火纷飞的战场上及时抢救伤员。"隼"式突击车具有良好的隐蔽性和机动力,在战场上屡建奇

美国的两栖突击车

美国 AAVP7 突击战车

以色列"螳螂"突击车

功，因此备受各国特种部队的青睐。

特种突击车属战车族世纪"新宠"。虽然它们发展的历史较短，但在应用中却显示了方兴未艾的发展势头。当前，全球的"热点"地区和局部冲突此起彼伏，世界形势对快速部署提出了新的军事需求，而"隼"式突击车制造技术简单，价格低廉，可以快速地大批量生产，正是应付各种地区热点问题的好手。国外有人预计，在 21 世纪特种突击车还会有更大的发展。

世界各国的军用侦察车

法国 VBL 侦察车，它以小巧玲珑著称，战斗全重 3.59 吨，乘员 2 人，主要武器是一挺 12.7 毫米机枪或 7.62 毫米机枪，公路最大速度 100 千米/时，水上最大航速 4 千米/时。法国军方还推出了 VBL "陶" 式反坦克导弹发射车，这种突击车可选装 "陶" 式或 "米兰" 反坦克导弹发射器，最大射程达 4 000 米，具有与敌坦克作战的能力。它的速度特别快，可以说是车轮滚滚，疾驶如飞。

第二次世界大战中，美国的军用吉普车闪亮登场，其中最著名的是 1/4 吨吉普车，也就是人们常说的 "美军吉普"。它广泛用于指挥联络、战场侦察、轻型运输，有时还投入战斗，可谓是美军不可或缺的 "万能马"（work-horse）。"美军吉普" 的结构简单、越野性能极佳、速度惊人、一般情况下无需保养，深得美国大兵的喜爱。

美国 "悍马" 车素有 "美军面的" 的美誉，可以说，"哪里有美军，那里就有悍马车"。M998 "悍马" 战车全重 3.5 吨，变型能力特别强。最大速度达到每小时 113 千米，可以用飞机来运输。由于装上了无坐力炮，这种

法国 VBL 侦察车

美国 XM101 式"悍马"车

美国多用途轮式"悍马"车

"悍马"车还具有反坦克作战的能力。

日本高机动性越野突击车为全重 3.94 吨,乘(载)员 10 人,公路最大速度超过了每小时 100 千米,它的加速性能比美国的 M998"悍马"车还好,并且还具有改装成快速突击车的潜力。

瑞士是一个中立国家,但为了警察执行任务的需要,也研制出一种著名的突击车,叫"鹰"式侦察车。这是一种很有名的轻型侦察车,战斗全重 4.8 吨,乘员 4 人,公路最高速度 125 千米/时,最大行程 450 千米,它具有改装成重型快速突击车的潜力。

地空导弹的诞生

这是 1991 年在海湾战争中发生的一幕：一天中午，美军驻利雅德市郊的部队正在吃午饭，突然刺耳的战斗警报拉响了，部队马上进入了战斗准备。天空中，伊拉克的一枚"飞毛腿"地对地导弹正向这里飞来。

"准备……发射！"一声令下，美军的"爱国者"导弹射向了蓝天，直向"飞毛腿"导弹来袭的方向飞去。只听远处的空中传来一声巨响，"飞毛腿"导弹被打得凌空爆炸。这就是海湾战争中"爱国者"大战"飞毛腿"的惊险场面。在海湾战争中，"爱国者"是第一次参战。美国人骄傲地说，在整个战争中，"爱国者"的成功率为 85%。一时间，"爱国者"成了人们议论的话题。而"爱国者"实际上就是地空导弹的一员，地空导弹是指从地面发射攻击空中目标的导弹。配备精确制导装置是它的基本要求，它的发展引起了世界各国军界的重视。

我们平时说的导弹实际上是一个武器系统，它的弹体就分为战斗部（通常就是弹头）、动力装置、制导设备。导弹是靠战斗部来杀伤或摧毁目标的。有的导弹的战斗部并不安装在导弹的头部，因此叫战斗部比叫弹头更确切一些。除了弹体之外，导弹系统还有一些是地面设备，这些设备包括：发射系统、搜索跟踪系统、制导系统等。

地空导弹是 20 世纪 50 年代才诞生的兵器。第一代地空导弹大多数身高体胖，地面设备复杂，有的导弹系统的地面车辆有五六十辆之多，使用和维护都很复杂。第二代地

俄罗斯 S - 400 地空导弹

空导弹与第一代比较起来小巧得多，有的导弹弹体只有两三米长，弹体直径在 20 厘米以下，使用起来机动灵活。70 年代以后，地空导弹又有了新的发展，出现了主要对付新式空袭兵器的第三代地空导弹。这一代地空导弹的共同特点是：采用多功能雷达，一个火力单元能同时对付多个目标。制导方面采用复合制导技术，提高了导弹的命中精度，同时也提高了抗干扰能力。现在，这三代地空导弹都还活跃在军事舞台上，它们都还在不同的国家中服役。

地空导弹诞生以后，很快就参加了战斗。在越南战争中，地空导弹显示出巨大的威力。那么，地空导弹是怎样击落目标的呢？我们再来看一个例子。

1973 年的一天，天色黯淡，驻守在河内的越南人民军远程警戒雷达部队发现一架美军的战斗机向河内方向飞来。越南空军指挥所立即向地空导弹部队发出了进入战斗状态的命令。制导雷达很快捕捉到了目标。这是地空导弹追杀目标的第一步：搜索识别目标阶段。

下一步是跟踪发射阶段：跟踪雷达自动测定美军飞机在空中的运动参数，并输入计算机，当飞机进入导弹发射区时，发射装置根据雷达提供的目标数据，连续发射两到三枚导弹，导弹点火后向目标飞去。

导弹离开发射架后，就进入了追杀目标的第三个阶段。在这个阶段，导弹上的自动驾驶仪一刻不停地接收来自地面的指令，根据这些指令自动驾驶仪不断修正导弹的飞行弹道，使导弹准确地飞向目标。在导弹接近美军战斗机时，制导雷达向导弹发出一个信号，启动引信，引爆战斗部。战斗部爆炸后，形成一个密度很大的破片云，当破片击中飞机时，美军飞机被即刻摧毁。这就是追杀目标的第四步：引爆战斗部。

地空导弹追杀目标的"四步曲"实际上是非常短暂的一瞬间，从发射导弹到击中目标不足 1 分钟。

21 世纪的地空导弹将向着多用

美国"爱国者"导弹

美国"爱国者"导弹打击目标

飞机是地空导弹的目标之一

途、同时攻击多个目标、抗干扰能力强和提高反战术导弹的能力等方向发展。所谓多用途是说地空导弹既能攻击飞机，又能攻击战术导弹；既可以作为地空导弹、舰空导弹，又能作为空空导弹使用；不但能射击空中目标，还可以射击地面目标。

三、海军武器

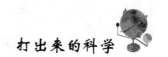

最早拥有航空母舰的国家

航空母舰是当今各国海军所有战斗舰艇中吨位最大、战斗力最强的舰艇，被人们称为"浮动的海上机场"。但是，航空母舰到底是如何发展起来的？航空母舰的作战能力又究竟如何？现在世界上到底有多少航空母舰？未来的航空母舰会是什么样？这也许就不是所有人都十分清楚的了。

航空母舰作为一种大型的水面舰艇，它的历史并不是很长，它的发展与飞机的发展息息相关。1903年，美国的莱特兄弟发明了世界上第一架飞机。这时，人们就在考虑能否将飞机在军舰的甲板上起降。1922年12月，日本海军的第一艘航空母舰"凤翔"号诞生了。这是世界上第一艘专门设计的航空母舰。

但是，这一时期，由于"大舰巨炮"主义仍在各国盛行，航空母舰一直处于辅助地位。即使拥有航空母舰的国家，也依然将战列舰和巡洋舰等作为海战的核心，造舰的重点也放在大型战列舰和巡洋舰上面。因此，航空母舰

印度"航空母舰"

的质量和规模始终未能产生质的变化。

第二次世界大战中，日本航空母舰编队偷袭珍珠港以及德国击沉英国号称永不沉没的"威尔斯亲王"号战列舰的巨大战绩，彻底打破了战列舰统治大海的神话，使航空母舰一跃成为海战的重要角色。此后，在一次又一次的海战中，航空母舰发挥了越来越重要的作用，取得了一个又一个辉煌胜利。据统计，在整个战争中，仅美国航空母舰上的飞机就击毁敌机 12 000 架，击沉敌舰 168 艘，击沉敌商船 539 艘。这些战绩足以说明航空母舰已成为海上霸王，是名不虚传的海上活动机场。

第二次世界大战后，一个狂热的建造和发展航空母舰的活动开始。虽然各国海军中在役的航空母舰数量减少了，但是拥有航空母舰的国家增多了，航空母舰的性能和攻击能力也有了大幅度提高。目前，世界上共有 9 个国家拥有 30 艘航空母舰，其中，仅美国就拥有 14 艘航空母舰。此外，还有一些国家也正在发展或计划发展航空母舰。

尽管航空母舰从问世至今已经历了许多阶段，舰艇性能和作战能力也有了很大提高，但人们对现有的航空母舰仍不满意，依然在不断探索、设想和研制新的航空母舰。

为了增强航空母舰的生存能力，为了凭借它的巨大的攻击能力实现主宰海洋的目的，有人设想依靠雄厚的经济实力发展 50 万吨级的超级航空母舰。这种航空母舰将具有续航力大、载机数量多、战斗威力强等特点。

俄罗斯海军"彼得大帝"巡洋舰

"兰利"号（CV-1）是美国的第一艘航空母舰

对于经济实力较弱的中小国家，可利用有限的资金建造搭载垂直/短距起降飞机的袖珍航空母舰。这种航空母舰仅有数千吨，舰上可装载几架或十几架飞机，可利用类似起重机的"天钩"系统在空中放飞和回收飞机。

将两个船体组成在一起所形成的双体航空母舰，具有甲板面积大、载机数量多、稳定性好、航速快、航行性能优良等特点，是很有前途的一种航空母舰新船型。

此外，人们还设想了潜水航空母舰、隐身航空母舰、水翼航空母舰等，甚至还考虑过用集装箱船改装航空母舰。可以预计，未来的航空母舰必将不断完善，成为名副其实的"海上机场"。

航母的飞行甲板

航空母舰是以舰载机为主要武器并作为其海上活动基地的大型水面舰艇。它是现代海军中最重要的舰种之一。说到宽度，它有两个标准，一是飞行甲板宽度，二是舰体宽度。航空母舰上的飞行甲板主要是用来供舰载机停放和起落。为了能停放尽可能多的飞机，让飞机起飞、降落时所受的干扰尽量小一些，航母需采用比起舰体宽度要大得多的飞行甲板，以增大"机场"面积。特别是斜直两段式甲板出现后，将起飞段板和着陆段板区别开来，飞行甲板宽度进一步增加了。一般说来，大型航母的飞行甲板宽度约是舰体宽度的 1.5 倍。例如，美国"罗斯福"号航母的飞行甲板最大宽度为 78.4 米，而它的舰体宽度则仅有 40.8 米。

航母上的飞行甲板能否无限制地加宽呢？答案是否定的。一般地说，大中型航母飞行甲板的宽度与水线处舰体宽度的比值不能超过 2.0，否则将可能

航母上的飞行甲板

危及航母本身的航行安全。对于这一点，人们是在实践中逐步认识到的。美国海军在对"中途岛"号航母进行改装时，曾经将飞行甲板的宽度与舰体的宽度比值提高。结果在航行的时候发现它的稳定性下降了很多，该舰经常出现长时间倾斜而不容易扶正的现象。同时，由于飞行甲板宽度增大，航空母舰的吃水更深，这增加了该舰在复杂气象条件下航行的危险性。出现了这么多的不安全因素，美国海军立即对该舰进行了第三次改装，使比值降到1.91，消除了隐患。

现代战斗机和攻击机的起飞时速，大都在250～350千米，如果自行加速滑跑，至少需要2 000～3 500米长的跑道才能飞起来。而目前世界上最大的航空母舰飞行甲板也不过330多米。在这种情况下，舰上的飞机是怎样飞起来的呢？

办法是借用助力帮助它们上天。所谓助力，就是在飞机起飞的时候，用一种很大的力量把它弹射到空中。第一次世界大战时，为了解决弹力问题，有的国家曾用过火箭助推的方式，但火箭喷出的燃气温度高、费用多，又不太稳定，所以就没有进一步地应用。第二次世界大战中，一度采用一种液压弹射方式，但是液压装置非常笨重、而且功率不够大，只好放弃。以后才逐步研制出现在所用的蒸汽弹射器。它的原理就是用蒸汽做动力，推动活塞和弹射装置运动，舰载机在活塞带动和自身的动力作用下，如箭一样弹射上天

美国"小鹰"号航母的飞行甲板

美国"罗斯福"号航母

空，飞机迅速达到离舰起飞的速度。

　　飞机降落的时候也需要帮助才能停下来。航空母舰上设置了一道如绊马索般的拦阻装置，使飞机可在着舰后 70～90 米的距离内停止下来。拦阻索自斜角甲板尾端 60 米处开始设起，向前每隔 14 米横设一根粗钢索，连续设置 4～6 根。飞机降落的时候，在放下起落架和襟翼后，要放下专门设计的可伸缩的尾部舰钩，当这种钩子挂住拦阻索的任意一根时，飞机便能迅速被拦阻，并在前冲 60～90 米处停下来。为防止意外，舰上另一端还可以临时架设高约 4.5 米，宽比拦阻索略大些的拦机网，保证飞机安全降落。

　　另外，有的国家的航空母舰的舰载机是垂直起降（如英国的"海鹞"式、美国的 V－22 等），但它们的运载能力有限。另外，俄罗斯和英国还设计了滑橇式甲板，使飞机只需滑跑更短距离就可以离舰起飞。

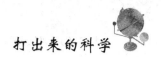

美国"斯坦尼斯"号航母的由来

　　美国"斯坦尼斯"号航空母舰1995年下水，是以美国参议员斯坦尼斯的名字来命名的。斯坦尼斯参议员以鼓吹"不断加大对海军的投入，确保美国称霸世界"而著称，可惜他却没能活到亲眼目睹"斯坦尼斯"号下水的那一天。不过，"斯坦尼斯"号为他建了雕像，并收藏有他在国会中所用的桌子和凳子，作为对他的报答。

　　"斯坦尼斯"号属尼米兹级核动力航空母舰，两座核反应堆可提供28万匹马力动力，30年不用添加燃料。舰上有2 600个房间，3万个固定照明设施，2 000部电话，各种线路加起来有1 400多千米长，邮局、银行、医院、电影院、健身房乃至监狱，样样齐全，简直就是一座浮动的现代海上城市。

　　"斯坦尼斯"号上的伙食不错。它配备有多个厨房、餐厅，每天可提供18 600份套餐，24小时供应，菜式花样也不少。舰上的伙食标准为早餐1.35美元、午餐1.5美元、晚餐2美元，士兵免费，军官交费。不过，航母上的个人生活空间相当有限，只有上校军官才有个人房间，其他人员均住集体宿舍，大的住舱要住100多个人。水兵的铺位很像火车上的卧铺，也是上、中、

美国"斯坦尼斯"号航母

繁忙的美国"尼米兹"级核动力航空母舰

下三层，每层只有不到 1 米高。

　　在"斯坦尼斯"号航母的近 7 000 名官兵中，有 30 名华裔军人。他们的祖籍既有中国内地的，也有中国香港和台湾地区的。他们大多出生在美国，只会讲英语。"斯坦尼斯"号还有 350 余名女性军人，军衔最高的是少校，她的职务是护士长。

　　在飞行甲板上，根据服装的颜色来分配工作的内容。穿红色制服的只管装填弹药，穿绿色制服的只管装备维修，穿棕色制服的负责固定飞机，穿紫色制服的负责补给油料，穿黄色制服的是导航指挥人员，穿白色制服的则是安全保卫人员，说到底，他们都是围着一二百名飞行员转。航母上靠制服颜色来区分工种，是一个既简单又高明的办法，否则，成百上千人在甲板上扎了堆儿，肯定要乱套的！

美国"尼米兹"级核动力航空母舰（左）

意大利"彭尼"级驱逐舰的构架

20世纪90年代，意大利海军迫切需要提高海军的反潜作战和防空作战能力。这是为了保卫直布罗陀海峡和苏伊士运河之间地中海的海上交通线，特别是防止来自南地中海的威胁。于是，意大利海军决定建立两支具有高度反潜和防空能力的特遣编队，每支编队由两艘驱逐舰、数艘反潜护卫舰和其他舰只组成。当时意大利海军仅有两艘"大胆"级驱逐舰能够达到上述要求，数量上不够，因此意大利海军决定建造两艘新型驱逐舰。

1992年6月，意大利海军决定以两位第二次世界大战时期海军英雄的名字"彭尼"和"米姆百利"命名这两艘军舰。

这两艘驱逐舰充分体现了现代高威胁环境下海上作战对水面舰艇的新要求。"彭尼"级驱逐舰为了在高威胁条件下顺利执行作战任务，在设计上充分提高了隐身性能。因此，在舰艇设计上，设计师们对降低噪音、雷达及热信号特征等采取了许多特别措施。比较典型的措施有，该舰所有上层建筑表面都向内倾斜一定角度以减小雷达反射面。舰上采用了多种降噪措施。如在有

英国45型防空驱逐舰

意大利"彭尼"级驱逐舰

关设备上安装弹性支座，达到减小噪声的目的。同时，在舰体上安装了一套名为"迈斯克"的系统可以减少水流流过舰体的流动噪音；推进系统采用气幕降噪措施，"刺鼠"系统可释放螺旋桨叶梢气泡以减少空泡现象。这一切都最大限度地降低了舰艇的噪音。

这种驱逐舰在建造中将以往相邻两舱进水不沉改为三舱进水不沉。舰体、甲板及上层建筑都是采用钢质，只有桅杆和烟囱等使用轻型合金。在最易受攻击和重要的部位，如作战指挥中心等，还增加了一种两边各为 3～3.5 毫米钢板、中间夹有 7 毫米"凯夫拉"材料的装甲，防护效果与 30～35 毫米厚的钢板相仿。

这种驱逐舰配备了 4 台"标枪 E"火控系统控制台，它们并不位于作战指挥中心，而是分散布置，其中 2 台在下一层甲板，2 台位于舰艉上层建筑。很显然，这样能够减小因作战指挥中心被击中而失去防卫能力的风险。舰体分 16 个水密舱，为提高在碰撞或战斗损伤情况下的生存能力，机舱再按机组划分，每个小机舱均配有减速齿轮箱。此外，舰艇的浮性和稳性也有了较大幅度的提高。舰的两舷侧各装有两对固定式减摇鳍，在正常状态下，可减少90% 的横摇。

与以往的驱逐舰相比，这种驱逐舰的突出的改进是武器装备进一步齐装配套，反潜和防空作战能力较强。在舰的前后上层建筑之间，装有 4 座双联装"奥托马特"反舰导弹发射架，作为舰上的主要反舰武器。在舰艉上层建筑上，装有一座 MK－13 型防空导弹发射架，可发射中程防空导弹，备弹 40枚。在前主炮之后，有一座可进行再装填的八联装"信天翁"防空导弹发射

日本"金钢"级驱逐舰

装置，用于发射近程防空导弹，备弹 16 枚。这两种不同射程的防空导弹构成该舰两层对空防御网。

除雷达外，舰上还装有一些辅助设备以提高对付空中威胁的能力。例如，舰上一个非同寻常的特点是在桅顶设有辅助监视雷达，这个雷达能激发民航飞机上的应答器，从而在舰上的战术图像中滤出民用飞机的信息，可以最大限度地防止击落民用飞机的悲剧事件发生。

潜艇的发展历程

长期以来，海战一直在水面舰船间进行。但是，在辽阔的大海上，水上作战很难做到隐蔽自身，突然袭击。军事家们早就希望能有一种像鱼一样潜入水中、从水下突然向敌人发起攻击的舰船。于是，潜艇应运而生。

美国独立战争期间，大卫·布什内尔首先研制了一艘手摇螺旋桨的外形像蛋的潜艇，并携带炸药包对英国军舰发动了攻击。这次攻击并未取得成功，但它可以算是第一艘投入实战的潜艇。19世纪后期，美国人约翰·霍兰终于研制出了具有实用价值的军用潜艇。他被后人尊为"现代潜艇之父"。

现代潜艇的种类复杂、型号繁多，分类方式也多种多样。例如，按排水量，可分为大型潜艇（2 000吨以上）、中型潜艇（1 000~1500吨）、小型潜艇（300~500吨）和袖珍潜艇（几十吨以内）；按艇体线型，可分为常规型潜艇、水滴型潜艇和过渡型潜艇；按主要武器，可分为导弹潜艇和鱼雷潜艇。目前，人们一般按照动力和用途给潜艇分类。

按动力，潜艇分为核动力潜艇和常规动力潜艇。核动力潜艇。顾名思义，就是以核能为推进动力的潜艇。常规动力潜艇则是以柴油机、电动机和蓄电

美国"洛杉矶"核动力攻击潜艇

法国"可畏"级核动力潜艇

池组做动力的潜艇。按用途，潜艇分为战略潜艇和攻击潜艇。战略潜艇主要是指携带配备有核弹头的弹道导弹、用于攻击敌方陆上重要战略目标的潜艇，它是目前一些军事大国战略核进攻力量的中坚。攻击潜艇主要用于攻击敌方各种潜艇和水面舰艇，武器装备主要是鱼雷和反舰、反潜导弹。特种潜艇主要包括雷达哨潜艇、布雷潜艇、运输潜艇等，目前已不再发展。

　　直到第一次世界大战初期，潜艇在各国海军中依然只是一支辅助力量。第一次世界大战中，出没于水下、来无影去无踪的潜艇给水面舰船造成了极大的威胁，在袭击海上舰船方面取得了巨大战果，终于作为海军的一支重要

性能先进的德国 U212 常规攻击潜艇

突击力量脱颖而出。

第二次世界大战期间，潜艇的数量猛增，性能、装备也有了较大的发展，战果更加显著，再次显示了潜艇在海战中的重要地位和作用。战争开始时，各参战国潜艇近500艘，战争期间又建造了1 600多艘，总数达2 100余艘。整个战争中，潜艇共击沉水面舰艇300多艘，击沉运输船只5 000余艘，总吨位达2 000余万吨。

战后，科学技术的进步更加推动了潜艇的发展，特别是核动力和导弹在潜艇上的应用，使潜艇的性能产生了质的飞跃。它已不仅仅是海军一支重要的战术突击力量，而且还是国家一支重要的战略威慑力量。

潜艇与水面舰艇相比，具有自己鲜明的特色。

首先，形状不同。潜艇是在水下航行，决定了它只能采用流线型的水滴艇型和鲸鱼艇型，以便减小在水中的航行阻力，提高航行速度。目前核潜艇的航速已可达到30节以上。

第二，船体材料不同。海水是隐蔽目标的极好天然屏障，在海水中潜得越深，潜艇的隐蔽性就越好。但是海水是有压力的，在水下几百米深处的潜艇，要受到几十个大气压的作用。这就意味着潜艇所用耐压壳体的材料必须采用高强度钢乃至钛合金。当前，现代化潜艇下潜深度已可达到四五百米，个别潜艇可以下潜到近千米的深海。

第三，动力装置不同。由于潜艇在水下航行无法得到所需要的空气，因此必须采用不依赖空气的动力装置。目前常规潜艇在水面航行时普遍使用柴

中国"夏"级核潜艇

四艘"夏"级导弹核潜艇

油机推进，水下航行时采用蓄电池带动电机推进。相比之下，核潜艇的动力装置不需要氧气，在装满燃料后，它们一般可在海底连续航行10万海里以上。

此外，潜艇与水面舰艇所用的武器也不同，主要是导弹和鱼雷。同时，潜艇在水中也主要是依靠声纳发现和跟踪目标，雷达则仅能在水面航行时短暂使用。

护卫舰的作用

在海军部队中，有一种用途广泛的中型水面舰艇——护卫舰。它们常常成群结队在浩瀚的大海中，紧密地护卫在航空母舰、巡洋舰等大型军舰以及运输船只的周围，担负着这些舰船的警戒和护航任务，是忠实的"海上卫士"。

说起护卫舰的发展，事实上它的历史并不是很长，它的诞生与历次海战的教训密不可分。

20 世纪初，专门的护卫舰还没有出现。担任警戒、护卫任务的大都是驱逐舰或民船改装而成的准护卫舰。这些改装的护卫舰艇毕竟在很多方面不够完善，不能很好地担负起它们的职责。第一次世界大战中，潜艇和袭击舰开始大展身手，对海上交通线造成了极大威胁。这就迫使各国海军考虑建造专门的护卫舰。

第一次世界大战的教训并没有完全唤醒人们，当时正是"大舰巨炮"主义泛滥的时期，世界各国都醉心于大型军舰的建造，对护卫舰的发展始终掉以轻心。于是，第二次世界大战中，悲剧再次重演。盟国海上交通线由于护卫力量薄弱，遭到了纳粹潜艇的疯狂袭击，损失惨重。

加拿大"里贾纳"护卫舰来上海访问

德国海军导弹护卫舰

中国"江卫"级护卫舰

　　血的教训惊醒了人们，一场大量建造护卫舰的热潮揭开了序幕。在整个战争期间，各参战国都大量建造和改建了各种护卫舰。这些护卫舰广泛参战，屡建战功。它们成功地打击了敌潜艇，牢固地奠定了自己在海军中的地位。

　　第二次世界大战后，护卫舰已成为海军舰艇部队中的一支重要力量。各国海军对护卫舰的发展更为重视，特别是 20 世纪 80 年代以来，随着科学技术的飞速发展，护卫舰得到了极大的改进。

　　目前，现代化的护卫舰正逐步向大型化方向发展。它们的排水量已普遍达到 1 600～3 000 吨左右，有的甚至达到 4 000 吨以上，超过了早期驱逐舰的水平。它们既可以在中近海活动，也可以伴随航空母舰、巡洋舰等大型舰艇在全球各地出没。

　　护卫舰的武器有了长足进步，不再局限于传统的火炮和深水炸弹。各种先进的导弹、鱼雷、直升机等相继装备护卫舰，使它们具有了前所未有的打击能力和防御能力。它们已经成为名副其实的多用途舰艇，不仅可以使用反潜导弹、反潜鱼雷和反潜直升机对水下潜艇进行追剿，还可以用反舰导弹和中口径舰炮对海上目标进行攻击。大部分护卫舰还可以使用防空导弹和防空火炮对空中威胁进行防御。在战争中，护卫舰能有效地保护自己，同时为它们所保卫的目标提供可靠的掩护。

最早有战列舰的与拥有最大战列舰的国家

历史的烟尘越飘越远，战列舰的名字已经让有些人觉得陌生了。想当年，它可是海战舞台上的重要演员。

战列舰又称主力舰、战斗舰。它的名字来源于 1655～1667 年的英国—荷兰战争。两国海军把火力最强的战船排成一线纵队的战列，与敌舰队平行行驶，利用本舰队一侧的舷炮对敌集中火力互相对射，后来人们就把主力舰称为"战列舰"了。它是以大口径舰炮为主要武器，具有很强的装甲防护和突击威力，能在远洋作战。

1906 年，英国建造的当时世界上最大、火力最强的战列舰"无畏"号下水了。它由意大利著名工程师库尼贝迪上校设计并监造，装备 10 门 305 毫米主炮，24 门 76 毫米副炮，比当时其他最大的装甲舰的火力还要强 1 倍以上。在 20 世纪 30 年代以前，"无畏"舰就是战列舰的同义词！

一时间，各海军强国纷纷仿效"无畏"号建造自己的战列舰。战列舰的多少也成为衡量一个国家海军实力强弱的标准。世界上最后一艘战列舰是在第二次世界大战末期下水的。在战列舰的整个发展期间，排水量、航速、主炮口径、装甲厚度及其他性能都有了很大提高。但是纵观先后建造的上百艘战列舰，无一不承袭了"无畏"号所奠定的基本形式。

日本"武藏"号战列舰

美国"密苏里"号战列舰

　　世界上最大的战列舰是日本于第二次世界大战期间下水的"大和"号和"武藏"号战列舰，它们的一发炮弹就重达 1 460 千克。然而，携带大量炸弹的美国飞机在 1944～1945 年间分别把"武藏"号和"大和"号击沉。从此战列舰走向没落，它在海战中的地位被航空母舰所取代。第二次世界大战后，各国都不再建造新的战列舰。估计今后也不会再有哪个国家建造战列舰了。

　　战列舰的消失，代表了一个时代的终结。

导弹艇与鱼雷艇的攻击能力

在海军武器当中，有两种小型的水面战斗艇舰不容忽视，那就是鱼雷艇和导弹艇。

鱼雷艇诞生于美国南北战争（1861～1865年）时的水雷艇。当时还没有鱼雷，水雷艇艇部突出一根长长的撑杆，撑着水雷向敌舰猛烈撞击，可以将敌舰炸毁。1864年，北军的水雷艇就靠这种办法炸沉了南军的"阿尔比马尔"号装甲舰。

世界上第一条鱼雷艇是英国于1877年建造的"闪电"号。

鱼雷艇是以鱼雷为主要武器的小型高速水面战斗舰艇。它体积小，航速快，机动灵活，隐蔽性也很好，一旦进攻，威力特别大。它的缺点是适航性差，活动半径小，自卫能力弱。

鱼雷艇大出风头是在1887年1月13日，俄国建造的鱼雷艇"切什梅"号和"锡诺普"号第一次用鱼雷击沉了土耳其海军的"国蒂巴赫"号通信船。

此后，欧洲各国海军都相继制造和装备了鱼雷艇，鱼雷艇的性能也不断得到改善。在两次世界大战中，鱼雷艇都取得了较大战果。

日本"隼"级导弹艇

印度导弹艇

鱼雷艇造价低廉，制造容易，使用方便，加之现代鱼雷的性能不断提高，直到今天，世界各国还是很重视鱼雷艇的发展。

导弹艇和鱼雷艇非常相似，很多甚至是由鱼雷艇改装而来。它以舰对舰导弹为主要武器，在攻击距离，攻击准确性和突然性等方面远优于鱼雷艇，战斗力更强。

1959年，前苏联研制成的"蚊子"级导弹艇是世界上最早的导弹艇。

导弹艇诞生后，由于造价低，威力大，一些中小发展中国家纷纷装备使用它。而一些西方国家嘲笑它是"穷国的武器"。1967年，第三次中东战争中的埃及海军用苏制"蚊子"级导弹艇一举击沉了以色列2 500吨级的"埃拉特"号驱逐舰。这是海战史上首次导弹艇击沉军舰的战例，它显示了导弹艇具有小艇打大舰的作战效能。从此，那些曾轻视导弹艇的人也不得不重新认识它的作用了。

在第四次中东战争中，以色列的导弹艇，成功地干扰了埃及和叙利亚导弹艇发射的几十枚导弹，使其无一命中；同时以色列使用舰对舰导弹和舰炮，击沉击伤对方导弹艇12艘。这是导弹艇击沉同类艇的首次战例。海战的经验引起了各国海军的重视，于是竞相发展导弹艇，增强它的电子干扰和反电子干扰能力。

水雷艇、鱼雷艇、导弹艇……在不久的将来，人们又会发明什么样式的舰艇呢？

登陆舰艇的前世今生

学过生物的读者朋友都知道两栖动物，登陆舰艇的另外一个名字就叫两栖舰艇。它的研制充分模仿了动物界的智慧，是为输送登陆兵、武器装备、补给品而专门制造的舰艇。

一般认为，登陆舰艇的最初形态是俄国黑海舰队 1916 年使用的称作"埃尔皮迪福尔"（希腊文，意为"希望使者"）的船只。这是一种平底货船，吃水很浅，适于运送部队抵达海滩实施登陆作战。

在第一次世界大战后期，英国和美国曾改装和建造了一批最早的登陆艇。

20 世纪 70 年代在美国、前苏联又出现了气垫登陆艇，它的航速可达 90～130 千米/小时，可以使登陆人员和车辆免却渡水涉滩的过程，是具有独特两栖性和通过性的高速登陆工具。

20 世纪 50 年代，美军诞生了登陆战的"垂直包围"理论。它要求登陆兵从登陆舰甲板登上直升机，飞越敌方防御阵地，在敌后降落并投入战斗。这样可避开敌人的防御重点，加快登陆速度。两栖攻击舰便是在这种作战思想指导下产生的新舰种。

1959 年，美国开始建造世界上第一艘两栖攻击舰"硫磺岛"号。它在外

美国"巴丹"号两栖攻击舰

日本"大隅"两栖攻击舰

美国两栖攻击舰

形上很像直升机航空母舰，有从艏至艉的飞行甲板。甲板下有机库，还有飞机升降机。

20世纪70年代初，美国又建造了一种更先进，更大的登陆舰艇，被称为通用两栖攻击舰。世界上第一艘通用两栖攻击舰是美国的"塔拉瓦"号。它既有飞行甲板、又有坞室，还有货舱。以往运送一个加强陆战营进行登陆作战，一般需要坞式登陆舰、两栖攻击舰和两栖运输船只，而现在只需要一艘通用两栖攻击舰就可以了。

舰队防空舰的发展

最初的海战是不需要考虑防空问题的。在 1911 年意土战争中，意军的飞机向土耳其军队投下 4 颗榴弹，开创了军事航空的新纪元。从此，海军的敌人无所不在，如何保护海洋军事基地不受敌国攻击也越来越重要。

到第一次世界大战爆发时，军队中用于侦察、通信、摄影的飞机总数已达千架以上。1914 年版的《简式战舰年鉴》记载，战列舰和巡洋舰都装备了高射炮，说明战舰已感到了空中的威胁。

在第一次世界大战中，舰队的防空战斗并不成功，飞行员也未改变敌方海军大舰巨炮的战术，但鱼雷机的运用和航空母舰的出现却预示着战舰将遇到严重的挑战。

1921 年，鼓吹"空军制胜论"的美国陆军航空局副局长米契尔进行轰炸舰船的试验。8 架轰炸机把一艘战列舰和两艘驱逐舰轰炸沉没。事实胜于雄辩，以前不少海军将领嘲笑米契尔杞人忧天，现在他们在不远处目睹这悲惨的场面，无不心惊肉跳，痛感军舰防空的重要。

到 20 世纪 30 年代，航空母舰的发展和俯冲轰炸机的出现更加重了海洋上空的威胁。舰炮不得不做了改进，由专门对付小型舰只的平射炮变成兼可对付飞机的高平两用炮。海军武器专家研制了火力密集的小口径自动高射炮。它们有集群优势，可以覆盖一块比较大的空间，给飞机造成了很大的威胁。

随着人类科技水平的不断进步，战舰和飞机这对冤家的较量还在继续下去。

俄罗斯的"四大天王"

目前，世界上有一百多种反舰导弹。在这个庞大的家族中，俄罗斯的新一代反舰导弹性能先进，领导潮流。其中，"白蛉—E"（Moskit – E）、"天王星 – E"（Uran – E）、"俱乐部"（Club）、"宝石"（Yakhont）可谓是反舰导弹的"四大天王"，成为世界军火市场中耀眼的明星。限于篇幅，我们来介绍一下前两种。

"白蛉 – E"由莫斯科彩虹设计局研制，主要打击各种水面舰艇，北约称它为"日炙"。它使用的导弹是世界上第一种速度为 2 800 千米/小时（大于两倍音速）的超音速反舰导弹，作战效能足以令目前所有的水面目标胆寒。当捕捉到目标后，导弹能采用蛇形机动飞行，可大大降低被敌方拦截的可能。

"天王星 – E"是前苏联 20 世纪 80 年代初开始设计的，主要用于打击中小型水面舰艇。巡航飞行时采用惯性导航系统，末段为主动雷达导引头制导，导弹具有末段蛇形机动及跃升能力，从而减少被拦截的可能。

俄罗斯"宝石"超音速反舰导弹

俄罗斯的新一代反舰导弹

通过对"白蛉－E"和"天王星－E"的介绍，相信你对反舰导弹已经有了较清晰的了解了吧。

四、空军武器

战斗机的发展阶段

介绍空军武器，首先就应该介绍战斗机。

战斗机，又称歼击机，旧称驱逐机。它的特点是机动性好、速度快、空中战斗力强。它们的首要任务是与敌战斗机进行空战，夺取空中优势（也就是通常所说的制空权）。战斗机还可以拦截敌方轰炸机、攻击机和巡航导弹。

法国于 1915 年初制造的莫拉纳—索尔尼埃 L 型飞机具有了空战的能力，是世界上第一种真正的战斗机。

世界第一架喷气式战斗机是由德国科学家冯·奥亨于 1939 年研制出的 He－178 型飞机。最早投入批量生产并被部队采用的喷气式战斗机是英国的"流星"式战斗机和德国的梅塞施密特 Me－262 型战斗机。Me－262 的速度比当时所有活塞式战斗机都要快。1943 年，希特勒观看了这种飞机表演后说："我们总算有了可以用于闪电作战的轰炸机了!"不知出于什么原因，希特勒坚决不同意将它作为战斗机使用。直到 1944 年秋天，纳粹战败在即，Me－262 才作为战斗机投入使用。Me－262 取得了辉煌的战绩，但它却不能挽回大势已去的纳粹败局。

英国"鹞"式战斗机

美国 F－14 战斗机

世界上第一种垂直—短距起降战斗机是英国霍克·西德利公司于 1966 年研制成功的"鹞"式战斗机。这种飞机甚至可在空中实现向后和横向的移动，具有极高的机动灵活性。"鹞"式飞机可大大减少对跑道的依赖．提高作战部署的灵活性。这种飞机在 20 世纪 90 年代因为美国大片"真实的谎言"全球热播而闻名遐迩。

世界上第一种变后掠翼战斗机是美国通用动力公司于 1965 年研制成功的 F－111。大后掠角的机翼和平直机翼相比，更利于高速飞行，但低速飞行性能不好，起飞和着陆滑跑距离比较长。于是，有人开始研究能在飞行时改变机翼的后掠角度的飞机，着陆和低空飞行时呈平直翼型，在高速飞行时呈后掠翼或三角翼型，这样较好地解决了飞机低速和高速飞行的矛盾。早在第二次世界大战期间，德国就进行了这项研究。美国在此基础上于 1948 年开始变后掠翼飞机的技术试验。F－111 就运用了上述技术成果。

截击机是战斗机的一种，它反应快速，不论是白天还是黑夜，在接到警报后能立即飞临指定空域。为及时发现和准确击落目标，现代截击机装有复杂的截击雷达，配备威力较大的空对空导弹。专用截击机的缺点是一般比较笨重，战斗性能较差。

在早期，截击任务是由普通战斗机来完成的。在第二次世界大战中，为了夜间截击轰炸机，德国在重型战斗机和轰炸机上安装截击雷达，使它们成为世界上最早的夜间截击机。

20 世纪 50 年代后的截击机强调要飞得快、飞得高，武器以空对空导弹为主，有的甚至取消了机炮。

20 世纪 70 年代后，在新一代战斗机上都装有先进的雷达和引导设备，它

美国 F-111 战斗机

的速度、加速性、机动武器威力也远远超过笨重的截击机，能更好地执行截击任务，因此如今各国已不再发展新的专用截击机。

"隐身"战斗机并不是肉眼看不见的飞机，而是在飞机的外形、涂料等方面做了特殊处理，使雷达、红外线等现代探测装置难以发现的飞机。它可隐蔽地接近敌人，达到突然攻击的目的。目前许多先进的战斗机已采用了一些抑制雷达波反射和自身红外波辐射的技术，实现了部分的"隐身"效果。世界上第一种真正的隐身战斗机是美国的 F-22 型战斗机，它正在装备美国空军。

空战时，战斗机是当之无愧的空中霸王。从它出现在天空中的那一刻起，它一直都在强烈地吸引着人们的视线。

大量出口的米格－21 战斗机

在世界上各种战斗机中，米格－21 可谓大名鼎鼎。

米格－21（MiG－21）战斗机由前苏联米高扬设计局于 20 世纪 50 年代初期研制，是一种单发轻型超音速战斗机。北约组织称它为"鱼窝"（Fishbed）。它的主要特点是重量轻、机动性好、爬升快等。它独特的三角翼布局设计和平飞时超过 2 马赫的卓越飞行性能令世人注目。

米格－21 是一种设计很成功的战斗机，至少有 37 个国家的空军购买和装备了这种飞机。米格－21 还在 20 世纪七八十年代创下过一项军贸交易记录：每年出口 200 架左右，让西方国家震惊。

无论是在战场上，还是在战斗机发展史中，米格－21 都称得上"风云人物"。它成功过，也失败过，在它不平凡的服役生涯中产生了许多引人入胜的故事。

1991 年海湾战争，沙漠风暴行动的首日，两架伊拉克空军米格－21 企图拦截四架美国 F/A－18C 而被击落。

据解密的中央情报局文件透露，萨达姆 1990 年秋天提出了实施生物袭击

俄罗斯米格－21 战斗机

米格-21战斗机在机场

的设想，并派出3架携带常规武器的苏制米格-21侦察机进行试验飞行。如果这些侦察机能够成功穿过防空体系并实施轰炸，那么第二支行动小组将在几天后出发。第二行动小组包括3架米格-21和一架携带生物介质的战斗轰炸机，前3架飞机用来转移敌方空防系统的注意力，最后一架飞机则用来实施生物袭击。但是第一批派出的3架飞机在波斯湾上空全部被击落，导致行动最终流产。

到了20世纪的最后十年，随着前苏联的解体，米格-21的威风也大不如前了。

飞行员登上米格-21战斗机

法国"幻影Ⅲ"战斗机的起源

　　20 世纪 50 年代，以戴高乐将军为首的法国新政府希望能够积极参与世界事务，重塑法国雄风，借此带领国民走出第二次世界大战被德国纳粹占领的阴影，但战后华约和北约组织的对阵，冷战军备竞赛的开始迫使戴高乐清楚地看到：必须建立起属于法国自己的完备军事工业。此时，世界各主要空军强国已经进入喷气式时代，为此法国空军迫切希望能装备一种国产战斗机。法国政府对国内航空企业提出研制一种全天候的轻型拦截机，空军的要求是新型战斗机能在 6 分钟内爬升至 18 000 米高度，在此高度飞行速度必须达到 1.3 马赫。一番竞争之后，达索公司中标，中标的机型为"神秘 – 三角 550"，是一种小型的战斗机。它在性能上存在一系列的不足，如起飞滑跑距离过长，着陆时速度过大，低空机动性能不好。但它设计制造简单，高速性能好，机翼内空间充足，可以容纳更多的燃油。

　　在"神秘 – 三角 550"的首次试飞中，设计人员发现飞机的垂尾过于庞大，影响了空中机动性能。于是，后来的机型缩小了垂尾，飞机的重量也减轻了，并改名为"幻影Ⅰ"。"幻影Ⅰ"的最大飞行速度达到了 1.3 马赫，使用火箭助推后飞行速度居然超过了 1.6 马赫。

　　虽然"幻影Ⅰ"有着不错的高空性能，但机体太小，迫使该机只能挂载 1 枚空对空导弹，没有实战价值，因此"幻影Ⅰ"很快被放弃。达索公司很

法国"幻影Ⅲ"战斗机

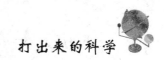

快在该机的基础上研制了"幻影Ⅱ",结构与"幻影Ⅰ"相似。不巧的是,就在"幻影Ⅱ"即将研制成功时,法国开始了核武器的研制,根据当时流行的核战略思想,法国政府强调新研制的战斗机必须具有一定的进攻性,即必须突破截击机的限制。单纯为截击机设计的"幻影Ⅱ"显然不合法国空军胃口,"幻影Ⅱ"的研制到此搁浅。

虽然遭遇坎坷,达索公司还是坚持不懈,在"幻影Ⅰ"的基础上又研制了一种作战飞机,该机比"幻影Ⅰ"重了30%,机身按照跨音速面积律设计,机身中段有明显的蜂腰。新飞机按照编号的顺序被命名为"幻影Ⅲ"。"幻影Ⅲ"在试飞中最大平飞速度超过了1.9马赫。

"幻影Ⅲ"在试飞中表现的优异性能使法国空军欣喜若狂。法国空军立即订购了10架预生产型"幻影Ⅲ"。首架预生产型在试飞中首次达到2马赫的最大速度。达索公司对该机冲刺更高的速度充满信心,在做了充分准备后,该机不孚众望,在试飞中最大飞行速度达到2.2马赫,成为欧洲第一种飞行速度超过2马赫的作战飞机。

可以毫不夸张地说,法国空军力量的突破,和达索公司多年来锲而不舍的努力是分不开的。

武装直升机的特殊本领

很多读者朋友都玩过竹蜻蜓。可以说，就是竹蜻蜓启发了科学家，从而诞生了一种新型的飞行器——直升机。武装直升机作为直升机的成员，是一种专门设计的用于对地攻击和空战的直升机。

武装直升机为什么受到各国军方的青睐？主要原因是武装直升机可以在低空执行各种任务，它是战场上的多面手。

武装直升机将它良好的机动性与反坦克导弹的精确性结合在一起，是一种非常有效的反坦克和反装甲目标的武器。在近年来的一些局部战争中，武装直升机在反坦克作战中战果累累。海湾战争中，美国陆军的"阿帕奇"、"眼镜蛇"、"奇奥瓦"和海军陆战队的"超级眼镜蛇"组成了庞大的机动反

美国 AH－64 攻击直升机

美国 AC – 130 武器直升机

坦克机群，在打击伊拉克军队中发挥了突出的作用。美国一个 AH – 64 攻击直升机营曾一举摧毁对方4辆坦克、8门火炮、4个防空系统和38辆轮式车辆。

在海上战场和岛屿作战中，武装直升机也能大显身手。它们可完成武装侦察、反舰、攻击岛上目标和运载突击部队登陆等任务。在1982年的英阿马岛战争中，英国出动了近百架武装直升机执行支援登陆作战任务，有力地保证了战局向着英国军方期待的方向发展。

武装直升机是掩护运输机和运输直升机进行机降的主要火力支援武器。它能对机降地域预先进行火力袭击，为机降部队扫除障碍，尔后对投入战斗的机降部队进行火力支援。海湾战争中，美国陆军航空兵组织了据称是有史以来规模最大的直升机作战行动。在一次作战行动中，AH – 64 掩护2 000多人、50辆军车、火炮、大批燃料和弹药快速突入敌纵深80千米的地域，引起了伊拉克方面的极大恐慌。

武装直升机能有效地支援地面部队行动，实施火力支援，并可部分取代战斗机进行近距空中支援任务。在海湾战争中，AH – 64 等直升机轮番袭击伊拉克的指挥枢纽，摧毁伊军的碉堡、工事、地下掩体和炮兵阵地，阻击坦克、清扫雷区、提供火力支援，为地面部队进攻开辟了通道。武装直升机还可进行战场纵深作战任务，攻击敌第二梯队、增援部队和机械化部队。

武装直升机机动性能好、突击力强，对地面部队形成严重的威胁，同时

美国"超级眼镜蛇"直升机

它自身的生存能力又很强，因此如何对付武装直升机是各国普遍重视的问题。目前普遍认为，对付武装直升机最有效的武器还是直升机。未来战争中，直升机间的空战似乎是一个必不可免的趋势。

直升机空战的特点是遭遇战，也就是说空战不是采用"缠绕"式战术，而是打了就跑。在20世纪80年代的两伊战争中，发生直升机与直升机空战50多次，苏制"雌鹿"武装直升机与美制"眼镜蛇"武装直升机交战10次，"雌鹿"被击落6架、"眼镜蛇"被击落10架。双方可以说是旗鼓相当。在海湾战争中，"阿帕奇"击落13架伊拉克直升机。装备了"响尾蛇"空空导弹的"超级眼镜蛇"还可以同固定翼飞机空战。

武装直升机还可进行侦察、空中指挥、电子战和其他作战任务。在未来的高技术战争中它将会发挥日益重要的作用。

世界各国的轰炸机

在飞机用于军事后不久，人们就开始试验飞机轰炸地面目标。1911 年，意大利和土耳其为争夺北非利比亚的殖民利益而爆发战争。11 月 1 日，意大利的加福蒂中尉驾驶一架"朗派乐－道比"单翼机向土耳其军队投掷了 4 枚重约 2 千克的榴弹，虽然战果甚微，但这却是世界上第一次空中轰炸。从此，专门从事空中轰炸地面目标的轰炸机诞生了。

早期轰炸都是由经过改装的侦察机来进行的。炸弹或炮弹垂直悬挂在驾驶舱两侧，待接近目标时，飞行员用手将炸弹取下向目标投去，其命中精度当然不行了。

1913 年，俄国人伊格尔·西科尔斯基设计的世界上第一架专用轰炸机首飞成功。它首次采用电动投弹器、轰炸瞄准具、驾驶和领航仪表。1914 年，

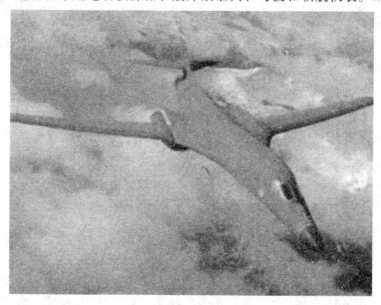

美国 B－1B 轰炸机

美国 B－58 轰炸机

俄国组建了世界第一支重型轰炸机部队。第一次世界大战期间，轰炸机得到迅速发展。

第二次世界大战时，轰炸机又有新发展，装有 4 台发动机的重型轰炸机是轰炸机发展到新水平的标志，尤以美国的 B－29 最为出名，正是它向广岛、长崎投下了两颗原子弹，还投下大批燃烧弹，造成著名的东京大火，十几万日本平民伤亡。

喷气式轰炸机在 20 世纪 40 年代初由德国首先研制成功。梅塞施米特公司研制了 Me－262 型喷气式战斗机，它可载两枚重 500 千克的炸弹。同时，德国阿拉多公司研制了 Ar－234 型喷气式轰炸机，可载弹 1 400 千克。由于希特勒的坚持，Me－262 曾被用来执行轰炸任务。Me－262 和 Ar－234 是最早的、也是第二次世界大战仅有的两种喷气式轰炸机。

超音速轰炸机是由美国研制出来的。20 世纪 50 年代，美国为了与前苏联对抗，研制了能高空高速突防、深入前苏联纵深地带投掷核弹、执行战略轰炸任务的 B－58 型轰炸机。B－58 的最高时速达 2 100 千米/时，是音速的 2 倍，可载弹 5 000 千克以上。

隐身轰炸机也是首先由美国研制成功的。洛克韦尔公司研制的 B－1B型变后掠翼战略轰炸机是世界上第一种具有部分"隐身"功能的轰炸机。B－1B 在外形、涂料、发动机的进喷气口形状上做了防雷达和红外线探测处理，使它在敌方的雷达和红外线探测器面前，具有了一定的"隐身"作用。

美国洛克希德－马丁公司从 20 世纪 70 年代中期开始执行"臭鼬工程"计划，即秘密研制"隐身"战斗机——F－117。F－117 外形奇特，翼身融为一体，整个机身表面几乎全部由多个小平面拼接而成，可将雷达波以各种角度散射，不能形成有效的回波。机身采用了大量特殊材料，并涂有隐身涂料，使得 F－117 基本上不会被雷达和红外线探测装置发现。

F－117 原本是作为战斗轰炸机而设计的，但由于它优异的"隐身"功能，敌机几乎不可能发现它并与它进行空战，加上它飞行灵活性不够，因此

飞上云端的 F－117 战斗机

从高空看 B－2 隐身轰炸机

它实际是被用来执行夜间轰炸任务的战术轰炸机。在美国入侵巴拿马和海湾战争轰炸伊拉克的空袭中，美国多次成功地使用 F－117 执行轰炸任务，一次也没有被对方探测到。

在第二次世界大战中，轰炸机曾给参战国家的人民带来过深重的灾难。日本帝国主义者为了占领中国，曾大量使用轰炸机对中国手无寸铁的老百姓狂轰滥炸。

世界上最昂贵的飞机

　　1977 年，"冷战"仍酣。美国军方和苏联军方彼此虎视眈眈，双方为了各自的国家利益绞尽了脑汁。

　　美国空军设想着制造一种能隐秘突入前苏联领空的轰炸机，这种轰炸机能寻找并摧毁苏军的机动型洲际弹道核导弹发射架和纵深内的其他重要战略目标。这就要求飞机能够避开对方严密的对空雷达探测网，潜入敌方纵深，以较高的成功率完成任务。为了研制这种新型的轰炸机，空军拟制出了"军刀穿透者"计划，把隐身技术的应用列入了具体议事日程。由于在此前不久，洛克希德公司提交了相当受好评的样机，空军便将生产 F—117A 隐身战斗机的合同交给了这家公司。

　　随着隐身战斗机的投产，美国国防部和国会要人也开始接受"隐身轰炸机"这一概念，并于 1979 正式批准了空军提出的研制这种飞机的申请报告。次年，美国空军就研制"先进战略突防飞机"进行了公开招标，诺斯罗普公司提出的方案得到了首肯。随后，美国空军把该机的研制项目正式定名为

美国 B–2 隐身轰炸机投弹

B－2隐身轰炸机进行狂轰滥炸

"先进技术轰炸机"，这就是B－2隐身战略轰炸机的最初名称。

B－2轰炸机的单价高达22.2亿美元，是世界上迄今为止最昂贵的飞机。北约在对南联盟空袭中，首次动用了B－2战略轰炸机，这是它第一次用于实战。

B－2的隐身性能首先来自它的外形。B－2的整体外形光滑圆顺，毫无"折皱"，不易反射雷达波。驾驶舱呈圆弧状，照射到这里的雷达波会绕舱体外形"爬行"，而不会被反射回去。密封式玻璃舱罩呈一个斜面，而且所有玻璃在制造时掺有金属粉末，使雷达波无法穿透舱体，造成漫反射。机翼后掠33度，使从上、下方向入射的雷达波无法反射或折射回雷达所在方向。机翼前缘的包覆物后部，有不规则的蜂巢式空穴，可以吸收雷达波。

B－2轰炸机有三种作战任务：一是不被发现地深入敌方腹地，高精度地投放炸弹或发射导弹，使武器系统具有最高效率；二是探测、发现并摧毁移动目标；三是建立威慑力量。

在20世纪80年代，B－2的设计经历了几次大的更改。比如，在1984年，就对飞机主翼的设计进行了重大改动。原因是空军不仅要求飞机能从高空突入，而且还要能超低空突防，从而带来了提高飞机升力、增强机械结构强度、进一步降低它的雷达反射截面等一系列问题。飞机的设计历经数年才得以定型。

B－2轰炸机的问世让不少美国人趾高气扬。美国空军扬言，B－2轰炸机能在接到命令后数小时内由美国本土起飞，攻击世界上任何地区的目标。

B－2轰炸机的先进性能确实能够让一些国家产生敬畏。然而实践证明，任何一场战争的最终结果都不是由哪一种先进的武器决定的。

头上长"角"的苏-25

攻击机又称强击机，它主要用于从低空、超低空攻击敌地面（水面）中小型目标，对己方部队实施直接火力支援。

在战场上发生过这样一幕：20 世纪 80 年代，侵略阿富汗的前苏联军队又向阿富汗的一个阵地发起了攻击，苏军的武装直升机配合一种新型的攻击机，袭击了阿军的坦克、步兵战车和其他地面车辆。阿军的官兵被打蒙了，他们从来没有见过这种攻击机。原来，这是前苏联研制的一种新型攻击机，编号为苏-25。这是它第一次出现在战场上。西方国家给它起了一个绰号——"蛙足"。这种攻击机为什么受到欢迎，它有哪些先进之处呢？

苏-25 是苏霍伊飞机设计局为前苏联空军研制的亚音速单座近距支援攻击机。作为攻击机要具备的主要特点是：火力强、防护好。为了达到这一目的，苏-25 的前机身左侧安装一门 30 毫米双管机炮，这门机炮可以由飞行员控制，向下偏转射击，这种强悍的设计在攻击机中是不多见的。它的机翼下共有 8 个外挂架，可挂空对地导弹、空对空导弹、火箭弹等。最大载弹量可

前苏联苏-25 战斗机

俄罗斯对苏－25进一步的改进

达4 400千克，火力很强。

苏－25有完善的防护能力，飞行员的座舱四周和座舱底部用24毫米的钛合金防弹钢板包了起来，一般的对空武器很难击穿它，飞行员的安全有了较好的保障。作为飞机的心脏，苏－25的发动机安装在一个用不锈钢做成的舱里，对空武器要想击坏它也不那么容易。同时，它的油箱之间用阻燃泡沫填充，就是油箱被击中燃烧也不会烧到别的部件。苏－25的野战能力很强，它可以毫不挑剔地在前线的简易机场起降，它的发动机也通吃野战机场上的各种燃油。苏－25的维护当然也不复杂，维护工具可以装在飞机的吊舱里随机带走，非常方便。

从外形上看，苏－25的样子很英武，它的机高为5.2米，机长为15.53米，翼展为14.36米。它的机头长出两根长长的管子，像是黄牛头上的一对角，左边的"角"是空速管，右边的"角"是传感器，它可以为火控系统提供各种数据。

苏－25拥有先进的电子设备。它的导航/攻击系统具有自主进入和脱离战区的能力。它安装了激光测距及目标标识器、雷达告警系统等。这些电子设备加强了目标跟踪、武器选择、自动发射的能力。苏－25的导航系统包括两台计算机及惯性制导平台。如果是夜间作战，苏－25还可以带微光电视导航/攻击系统，可以轻易识别3千米外的坦克。

苏－25在阿富汗的出色战果让人刮目相看。许多国家对它表现出浓厚的兴趣，最后大多如愿以偿地购买到了它。

军用运输机与空中加油机

　　在古代战争中有句非常有名的话："兵马未动，粮草先行"，意思就是说后勤力量和战争物资的补给是非常重要的。现代战争更是如此。空中补给靠什么？靠军用运输机和空中加油机。

　　军用运输机是用于空运兵员、武器装备，并能空投伞兵和军事装备的飞机。军用运输机要求具有能在复杂气候条件下飞行和在比较简易的机场上起降的能力。有的还装有用于自卫的武器和电子干扰设备。这些都是军用运输机与民用运输机的区别。

　　在第一次世界大战前和大战期间，军事空运任务都是由临时借用或改装的轰炸机和民用运输机来完成的，但它们往往不能适应军事空运的实际要求。在大战之后，德国容克公司首先于1919年制造出世界上第一架专门设计的全金属军用运输机。在第二次世界大战中，军用运输机在运送兵员、物资、空

军用运输机

法国军用运输机

投伞兵和装备等方面发挥了重要作用。到了 20 世纪 50 年代末，喷气式军用运输机出现了。

有了空中运输机，空中加油机也随之出现。它是专门用来在飞行中为其他飞机补充燃油的飞机。加油机多由大型运输机、战略轰炸机改装而成。空中加油机可使受油机增大航程，延长续航时间，增加有效载重，提高航空兵的作战能力。

世界上第一架空中加油机 1923 年在美国诞生。1923 年 8 月 27 日，在美国加利福尼亚州的圣地亚哥湾上空，两架飞机在编队飞行，在前上方飞行的

美国 C－130 大力神军用运输机

飞机上垂下一根 10 多米长的软管，后面飞机的后座飞行员站起身来用手捉住飘曳不定的软管，把它接在自己飞机的油箱上。这是航空史上第一次空中加油试验。当时的加油过程全由人力操作，加油机高于受油机，靠高度差加油。这种加油方式很难实际应用。20 世纪 40 年代中期，英国研制出插头锥套式加油设备，1949 年美国研制出伸缩管式加油设备，这才使空中加油进入了实用阶段。

军用运输机与空中加油机的出现让庞大的飞机家庭越发多姿多彩，它们大大增强了空军的作战效能。

最早拥有预警机的国家

　　"要想成为天空的主人，重要的不是你拥有多少利剑，而在于你拥有多远的耳目"，这是俄罗斯前防空军总司令的一句名言，他所指的"耳目"就是预警机。

　　预警机是装有远程警戒雷达用于搜索、监视空中或海上目标，并可引导己方飞机执行作战任务的飞机。预警机被看作是一个国家科技实力的重要象征。

　　20世纪70年代，脉冲多普勒雷达技术和机载动目标显示技术的进步，使预警机在陆地和海洋上空具备了良好的下视能力；三坐标雷达（可同时测定目标的方位、距离和高度）和电子计算机的应用，使预警机的功能由警戒发展到可同时对多批目标实施指挥引导。于是新一代预警机诞生了，它的代表是美海军的E-2C"鹰眼"和美空军的E-3A"望楼"。

　　现代预警机实际上是空中雷达站兼指挥中心，因此它又被称为"空中警戒与控制系统"飞机。E-2C可探测和判明480千米远的敌机威胁，它至少能同时自动和连续跟踪250个目标，还能同时指挥引导己方飞机对其中30个

美国E-2预警机

美国 E3A "望楼" 预警机

威胁最大的目标进行截击。E－3A 对低空目标的探测距离达 370 千米，可同时跟踪约 600 批目标，引导截击约 100 批目标。预警机可提高己方战斗机效能 60% 以上，因此它在现代战争中具有极其重要的作用。

前苏联是拥有预警机最早的国家之一，在预警机研制方面拥有较强的科技潜力。前苏联最早装备的、机身上部安装有雷达天线的预警机，西方的绰号为"苔藓"。从 1965 年起，该机开始装备前苏联国土防空军。

美国 E－3 预警机

臭名昭著的"黑小姐"

飞行间谍家庭中有一个臭名昭著的"黑小姐",它就是 U－2 间谍飞机。U－2 拥有像小姐手臂般修长的双翼,从左机翼的翼尖到右机翼的翼尖长 31.39 米,机长只有 19.2 米,机翼的长度远远超过了机身的长度。又宽又长的机翼,使飞机拥有巨大的升力,再加上通体都呈黑色,因此人们给它取了一个"黑小姐"的雅号。

U－2 侦察机诞生于 20 世纪 50 年代的美国,它出世后不久就迫不及待地窜入前苏联的领空。1956 年 6 月的一天,U－2 悄悄地从联邦德国的空军基地起飞,航向直指莫斯科。它若无其事地飞过克里姆林宫的上空,然后又得意洋洋地转向列宁格勒。U－2 侦察机落地后,很快拿出了在 2 万米高空拍摄的照片,克里姆林宫停车场上,连小汽车的图像也清晰可见,美国人为此欣喜万分。

面对 U－2 的入侵,当时的前苏联人是什么态度呢?由于当时前苏联还没有能把 U－2 打下来的武器,如果公布 U－2 飞到克里姆林宫上空,无异于承认本国防空力量软弱无力,因此前苏联人只好忍气吞声。

1958 年,前苏联的防空部队装备了新式的防空导弹。两年后的一天,U－2 又一次出动了,然而这次"黑小姐"被前苏联防空导弹击中。飞机当即失去了控制,U－2 第一次被击落。本来 U－2 飞机上安装了一种自毁装置,当飞行员跳伞后,自毁装置会自动引爆飞机,使对方无法得到飞机的残骸。可是飞行员们担心跳伞装置还没启动,自毁装置先爆炸,因此没有使用自毁装置。可以想象,落入前苏联手中的"黑小姐"遭到了什么样的待遇。

现在,U－2 间谍飞机仍旧悄悄地飞行在蓝天上,不过这些"黑小姐"都是经过改装的,机上的电子设备更先进。经过改装的 U－2R 曾一度改名叫 TR－1。1992 年,美国空军决定取消 TR－1 的称呼,统称 U－2R。

改进后的 U－2R 是一种多功能的飞行平台,它可视任务的需要携带不同

美国 U - 2 高空侦察机

的传感器。这些传感器的价格，已经远远超过了 U - 2R 的价格。

　　根据联合国宪章和国际航空法的规定，任何飞机未经许可，不得在别国领空飞行，U - 2 当然不能例外。可是据美军侦察机联队的司令透露："U - 2 根本用不着到别国领土上空飞行，也能侦察到需要的情况，道理十分简单，飞机飞得越高，看得就越远。U - 2R 的飞行高度可达 3 万多米，视角是很大的，U - 2R 不必飞越对方的防线就可以侦察到纵深 55 千米情况。"美国人这种打擦边球的行为让很多国家感到不快。

　　U - 2R 可以飞上 3 万米的高空，在这样的高度飞行，如果座舱的压力不足，飞行员的血液和体内的其他液体就会沸腾。因此，座舱的加压设备十分重要。在高空飞行对飞行员来说是挺轻松的，飞行员只要打开自动驾驶仪，U - 2R 就可以在全球定位系统的协助下自动飞行，飞行员可以腾出手来监控飞机的各种系统，让它们正常工作。U - 2R 还有一个优点，如果发动机出了故障，飞行员也不用担心飞机会坠落，U - 2R 巨大的机翼可以帮助飞机滑翔飞回地面。

未来的第四代战斗机

每一代作战飞机的发展都与历次战争的经验教训有关。朝鲜战争、越南战争、中东战争、马岛战争和海湾战争对各代作战飞机的发展提供了很大的借鉴。

超音速飞机到现在已经过三代的改进，第三代超音速战斗机是当前的主力。经过近30年的使用，它的缺点也暴露了出来：不具备隐身能力，不能实现超音速巡航，机动性能不高，短距离起落性能差，作战半径仍然偏小，可维护性差等。第四代战斗机就是针对这些缺点研制的，它将成为21世纪的主力作战飞机。

第四代战斗机与第三代相比，它的性能有哪些重大进步呢？

一是超音速巡航能力，即它的发动机不用开加力就能在1.58倍音速的速度下连续飞行30分钟。具有超音速巡航能力的战斗机在作战时将有很大的优势。它可以迅速接近目标，攻击后迅速脱离，可以把敌机拦截在更远的空域，

美国 F - 15 战斗机座舱

美国的 F - 22 战斗机面临苏 - 37 的挑战

还可以对敌实施多次攻击。这是现有战斗机做不到的。

二是高机动性和敏捷性。F - 22 比 F - 15 等第三代喷气式战斗机有更高的机动性和敏捷性。它在爬升率、盘旋角速度、滚转角速度、加速特性、盘旋半径、爬升特性、盘旋角加速度和滚转角加速度等性能上都优于 F - 15 战斗机。这些性能指标上的优势使 F - 22 有更强的空中格斗能力，能变被动为主动，变劣势为优势，能够进行所谓的各种超常规机动作战。

三是短距起落能力。F - 22 的短距起落能力高，起降滑跑距离短，可在 500 米长的跑道上起降。这种性能使它可以在短跑道小型机场上起飞作战，或在机场破坏后的残存跑道上起飞，大大提高了生存能力。

四是隐身能力。F - 22 的雷达散射面积只有 F - 15 的几十分之一，在进行空战时可以先敌发现、先敌攻击，大大增强作战的突然性、隐蔽性，提高作战效能。敌机很可能在没有发现 F - 22 以前，就糊里糊涂被击落了。

五是更先进的电子设备和机载武器。F - 22 的电子扫描雷达具有多功能、大空域、多目标、高数据率、抗干扰能力强和抗损伤能力好的优点。机载武器数量多、速度快、精度高，具有多目标攻击能力、超视距攻击能力、全向攻击能力，作战性能和威力大幅度提高。

第四代战斗机的设计特点除使用大推重比的发动机和矢量推进外，还广泛采用电传操纵系统和主动控制技术。在气动设计上，通过采用近耦合

F－15 战斗机准备降落

鸭翼、翼身融合体等保证较高的机动能力。第四代战斗机还十分强调所谓作战适用性，它包括可用性、兼用性、运输性等，也就是飞机在外场使用的满意程度。

谁能想象，随着技术的进步，第五代战斗机会是什么样子？

军用雷达在陆海空战斗中的应用

谁是第一部雷达的发明人？这似乎成了一个难解的历史问题。由于年代久远，这一问题目前还无法得出一个权威性的结论。

美国在 1936 年 1 月研制出脉冲雷达；德国在 1935 年 9 月制造出船用雷达；而法国在 1936 年已经把早期的雷达装上了"诺曼底"邮船，以防碰撞冰山。三个国家似乎都拥有雷达的发明权，不少研究人员对这个问题争论了几十年。

现代空战离不开雷达，尤其是军用雷达，它起到不可替代的"眼睛"作用。军用雷达是利用电磁波探测目标的军用电子装备。雷达发射的电磁波照射目标并接收它的回波，由此来发现目标并测定位置、运动方向和速度。

比较普遍的说法认为最早投入实用的军用雷达是由英国研制的，而英国科学家罗伯特·沃森·瓦特起了关键性的作用。1935 年 1 月，沃森·瓦特任英国国家物理实验室无线电研究室主任，当他受英军委托研究利用电波探测空中飞机的装置时，充分利用已取得的研究成果，迅速研制出对空警戒雷达的试验装置。2 月 26 日，沃森·瓦特为军事部门领导人进行雷达表演，雷达探测到了 16 千米外的飞机。

1938 年，英国开始用沃森·瓦特设计的雷达组建世界上最早的防空雷达网。第二次世界大战爆发时，英国已在东海岸建立了一个由 20 个地面雷达站组成的"本土链"雷达网。1940 年夏天的"不列颠空战"中，英国正是靠"本土链"赢得了 20 分钟宝贵的预警时间，以约九百架战斗机抵挡住了德国两千六百余架飞机的疯狂进攻。可以说，是雷达救了不列颠。

世界上第一部炮瞄雷达是美国陆军通信队于 1938 年研制成功的 SCR－268

预警机的上部安装着机载雷达

型雷达。1943 年，美国又研制成功微波炮瞄雷达 SCR - 584，这是第一部自动跟踪炮瞄雷达。它与指挥仪配合，大大提高了高炮射击的命中率。1944 年德国发射了 V - 1 导弹袭击伦敦时，最初英国击落 1 枚 V - 1 平均需发射上千发炮弹，而使用 SCR - 584 后，平均仅需五十余发炮弹。

今天，几乎所有的高射炮都装备了炮瞄雷达。在速度快、机动性好的现代作战飞机面前，没有炮瞄雷达的高炮就如同瞎子一般。

军用雷达也在海上广泛应用，这就是船载雷达。它是装备在船舶上的各种雷达的总称，它们可探测和跟踪海面、空中目标，为武器系统提供目标数据，引导舰艇躲避海上障碍物，保障舰艇安全航行和战术机动等。

1935 年，德国首次进行舰载雷达试验，当时对海上舰船的探测距离仅 8 千米。世界上最早使用舰载雷达的是德国研制的"海上节拍"式对海警戒雷达。第一部舰载对空警戒雷达是美国海军实验室于 1938 研制成功的 XAF 型雷达，它对飞机的探测距离达 137 千米。对空、对海警戒雷达的装备使用，可及早发现敌方飞机和舰船，保障适时和准确地进行攻击。世界上第一部机载雷达是由英国科学家爱德华·鲍恩领导的研究小组于 1937 年研制成功的。它可探测到 16 千米以外的水面舰艇。

机载雷达是装在飞机上的各种雷达的总称。它包括截击雷达、轰炸雷达、航行雷达等等。

第二次世界大战爆发后不久，面对纳粹潜艇战和空袭的威胁，鲍恩博士

主持研制的 ASVMKI 型机载对海搜索雷达和 A1 型机载夜间截击雷达正式装备英国战机，成为世界上首批实用机载雷达。它们在打击德国潜艇和夜间轰炸机的战斗中发挥了重要作用。

　　站在人类历史发展的长河边争论谁是第一部雷达的发明人并不重要，重要的是人类怎样利用包括雷达在内的各种发明，是用于和平还是战争？

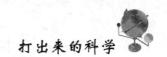

军用卫星在战争中的作用

民用卫星向人们传达的通常是和平的信息，军用卫星却总是有一种令人肃然起敬的感觉。

顾名思义，军用卫星是用于各种军事目的人造地球卫星。1957 年 10 月 4 日，前苏联发射了世界上第一颗人造卫星——"人造地球卫星" 1 号。美国人不甘示弱，翌年 1 月 31 日，他们的人造卫星"探险者" 1 号也发射成功。此后，美国和前苏联都认识到卫星在军事上的重要价值，几乎同时在 20 世纪 50 年代末开始研究和试验军用卫星。

卫星高居苍穹，低轨道运行时间长，侦察覆盖面广，且飞行不受国界限制，又没有驾驶人员的生命安全问题，因此目前在美国，卫星已取代了大部分有人驾驶飞机来执行照相侦察任务。

早期获取情报主要靠照相侦察卫星，后来慢慢发展到电子侦察卫星。照

军用卫星发射

法国"太阳神2A"型侦察卫星

相侦察卫星是用装有光学成像的空间遥感设备进行侦察。获取军事情报的人造地球卫星，常用的遥感设备有可见光照相机、电视摄像机、红外照相机等。而电子侦察卫星更先进，它装有电子侦察设备，用于侦察雷达和其他无线电设备的位置与特性，截收对方遥测和通信等机密信息。

美国在早期的"发现者"系列卫星上曾进行过电子侦察的试验，1962年5月发射的"搜索者"号是世界上最早的实用侦察卫星。在现代战争中，电子侦察卫星已成为获得情报不可缺少的手段。

1991年海湾战争中，美国在空袭伊拉克前几个月就开始通过电子侦察卫星搜集掌握了大量的伊军电子情报，利用这些情报在空袭前几十分钟开始对伊展开电子战，使伊大部分雷达受到强烈干扰而无法正常工作，无线电通信全部瘫痪，连巴格达电台的广播也因干扰而无法听清。据称，萨达姆与前线作战指挥官的通话，甚至战场分队之间的通话，均被美国的电子侦察卫星所窃听。

为了对付电子侦察卫星，预警卫星应运而生。它能延长预警时间，便于及时组织战略防御和反击。

1961年7月12日，美国发射"米达斯"3号卫星成功，它成为世界上第一颗预警卫星。后来美国又成功发射了3颗"匿名者"号预警卫星。"匿名

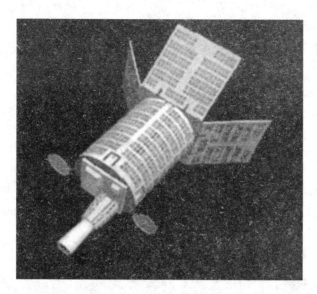

红外预警卫星

者"位于地球同步轨道，只需部署 2 颗即可随时发现前苏联境内所有的导弹发射情况。

1991 年海湾战争中，美国"爱国者"导弹拦截了伊拉克发射的"飞毛腿"战术弹道导弹，其中就有预警卫星的功劳。兵贵神速，"飞毛腿"从伊拉克打到以色列的特拉维夫仅需 300 秒，给防空导弹留下的拦截时间很短，而美国预警卫星可在"飞毛腿"发射 60 秒之内即可向海湾地区的美军指挥部报警并提供飞行数据，大大提高了"爱国者"导弹的拦截率。

军用通信卫星是作为空间无线电通信站，担负各种通信任务的人造地球卫星。卫星通信具有通信距离远、容量大、质量好等特点。

世界上第一颗通信卫星是美国于 1958 年 12 月 18 日发射的"斯科尔"号卫星。它成功地将当时美国总统艾森豪威尔的圣诞节献词发送回了地球。世界上最早的地球同步轨道通信卫星是美国的"辛康"号卫星。它当时主要用于侵越美军与五角大楼之间的作战通信。同步轨道通信卫星神通广大，在赤道上空等距离布设 3 颗卫星，即可实现除南北极之外的全球通信。

军用导航卫星是通过发射无线电信号，为地面、海洋和空中军事用户导航定位的人造地球卫星。军用导航卫星原先主要为核潜艇提供在各种气象条件下的全球定位服务，现在也能为地面战车、空中飞机、水面舰艇、地面部

队及单兵提供精确的位置和时间信息。

海洋监视卫星是用于监视海上舰只潜艇活动、侦察舰艇雷达信号和无线电通信的侦察卫星。世界上第一颗海洋监视卫星是前苏联于 1967 年 12 月 27 日发射的"宇宙"198 号卫星，自 1973 年后进入实用阶段。

军用气象卫星是为军事需要提供气象资料的卫星。它可提供全球范围的战略地区和任何战场上空的实时气象资料，具有保密性强和图像分辨率高的特点。

军用测地卫星是为军事目的而进行大地测量的人造地球卫星。地球的真实形状及大小，重力场和磁力场分布情况，地球表面诸点的精确地理坐标及相关位置等，对战略导弹的弹道计算和制导关系甚大，测地卫星就是用于探测上述参数的航天器，它可测定地球上任何一点的坐标。

当晴朗的夜晚我们仰望满天星斗时，有多少人能够想到，一颗又一颗默默地在轨道上运行的军用卫星也点缀了浩瀚的长空。

五、核武器和高科技武器

原子弹的能量和威力

在很长一段时间里，原子弹就是核武器的代名词，其实二者既有联系又有区别。

核武器是指利用爆炸性核反应释放出的巨大能量对目标造成杀伤破坏作用的武器。原子弹就是最早出现的利用原子裂变反应而制得的第一代核武器。

世界上第一颗原子弹诞生在第二次世界大战期间的美国。当时的纳粹德国也对原子弹的研制表现出了兴趣。在大战期间，流亡到美国的科学家西拉德等人为防止德国人抢先造出原子弹，动员著名科学家爱因斯坦上书美国总统罗斯福。爱因斯坦在信中阐述了研制原子弹对美国安全的重要性。起初罗斯福总统对此并不重视，直到 1941 年 12 月 6 日，日本偷袭珍珠港的前一天，他才批准了美国科学研究发展局全力研制原子弹。1942 年 8 月美国制订了研制原子弹的"曼哈顿计划"，随后任命格罗斯将军为负责人。

激动人心的时刻终于来到了。1945 年 7 月 16 日凌晨在新墨西哥州的戈多沙漠中进行了世界上第一颗原子弹的爆炸实验。在 30 米高的铁塔上安放着一个让许多人觉得陌生的物体——它就是世界上第一颗原子弹。它的出现将极

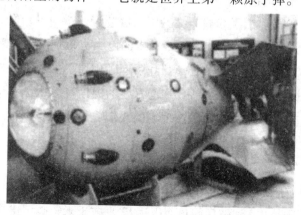

前苏联第一颗原子弹

原子弹爆炸图

大地影响人类历史的进程。

清晨 5 点 30 分，有关负责人按动了引爆装置。瞬间，好像无数个太阳同时放射出耀眼的光芒，一个直径为 2 千米的巨大火球向空中升腾，转眼之间变成高达 10 000 米的庞大蘑菇云。爆炸引起了飓风，像地震一样震撼着沙漠的大地。安放原子弹的铁塔，已被几百万度的温度蒸发得无影无踪，只留下了巨大的深坑。惊心动魄的场面让现场的人们吃惊不已。据估计，这颗原子弹的爆炸当量约相当于 2 万吨 TNT 炸药。

问世不久的原子弹很快就在战争中大显身手。1945 年 8 月 6 日美国向日本广岛投下原子弹，由于该弹细长，被称为"小男孩"。原子弹造成死亡 7.1 万人，伤 6.8 万人，遭到破坏的总面积达 12 平方千米，破坏建筑物 5 万余所。紧接着，美国又在长崎扔下名为"胖子"的第二颗原子弹。该原子弹造成的

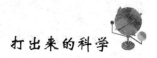

死亡人数约3.5万，伤约6万，毁坏房屋19587所，破坏面积4.7平方千米。两颗原子弹的投放沉重地打击了日本军国主义者，有效地摧垮了日本一小撮好战分子的战斗意志。日本当时的最高领袖裕仁天皇被迫于8月15日宣布无条件投降，第二次世界大战结束。但是核武器从此开始威胁全人类。

在当今世界，包括原子弹在内的核武器成了一些国家为了政治利益向其他国家讨价还价的筹码。它们既可以成为受压迫人民伸张正义的武器，也可以成为霸权主义助纣为虐的工具。许多时候，哪个国家拥有核武器，哪个国家就拥有在国际事务中的发言权。

氢弹的研制原理

原子弹的威力已经够惊人了，然而还有比它更厉害的武器。其中之一就是氢弹。

美国对于原子弹的专有权只享受了不到 5 年。1949 年 9 月苏联的第一颗原子弹爆炸实验成功，美国大为震惊。从战略考虑，美国必须制造出威力更大的炸弹，才能在和前苏联的军事赛跑中再次处于领先地位。美国人想制造

氢弹爆炸

第一颗氢弹爆炸

的秘密武器是什么呢？它就是利用轻核聚变原理研制成功的氢弹。

当原子之间相互接近的时候，带有同性正电荷的原子核间的斥力阻止它们彼此接近，结果原子核没能发生碰撞而不发生核反应。参加聚变反应的原子核必须具有足够的动能，才能克服这一斥力而彼此靠近。提高反应物质的温度，就可增大原子核动能，这就是核聚变的原理。聚变反应对温度极其敏感，在常温下它的反应速度极小，只有在1 400万到1亿度的条件下，反应速度才能大到足以实现自持聚变反应。因此这种将物质加热至特高温所发生的聚变反应叫做热核反应，由此做成的聚变武器也叫热核武器。要得到如此高温高压，只能由裂变反应提供。也就是说，先让原子弹爆炸发生裂变反应，产生足够高的温度，然后在这种条件下发生聚变反应，即两种轻原子核氘和氚聚合成一个原子核，同时产生巨大的能量。

1950年美国总统杜鲁门决定研制氢弹。1951年氢弹原理试验准备工作就绪，试验弹代号"乔治"，在太平洋上的恩尼威托克岛试验场进行。试验证明

爆炸威力大大超过原子弹。

氢弹原理试验的成功，大大推进了制造真正氢弹的工作。1954 年，美国的第一颗实用型氢弹在比基尼岛试验成功。据说现在风行世界的比基尼泳衣的名字就来源于比基尼岛的氢弹试验。

原子弹和氢弹的接连出现，让第二次世界大战以后的世界局势变得更加耐人寻味。

中子弹与冲击波弹

人类对于核武器的认识也有一个不断深化的过程。有些时候，战争形势并不需要核武器把所有的目标完全毁灭。于是，第三代核武器应运而生。

中子弹和冲击波弹都属于第三代核武器。第三代核武器又称特定功能核武器，通过特殊的设计，增强或减弱某些核爆炸效应，达成某些特殊杀伤破坏效应，从而提高了实战运用的灵活性。

中子弹是以高能中子为主要杀伤因素，相对减弱冲击波和光辐射效应的小型氢弹。

中子弹有两大特点：一是强辐射，二是低当量，通常为千吨级，不仅能杀伤暴露人员，也能杀伤坦克装甲车内的人员。

中子弹是对付集群坦克的一种有效武器。前苏联军事专家曾设想过奔赴战场的坦克群的遭遇：只见空中出现了一个小火团，接着传来一阵清脆的爆炸声，火团很快扩散，渐渐消失在明媚的阳光中。然而，仅仅几分钟后，刚才井然有序势不可挡向前推进的坦克车队乱了套，有的熄火停在原地，有的像无头苍蝇到处乱撞，而坦克内的士兵，则无声无息永远地沉睡了。离火团稍远一些的坦克内的士兵，有的痛苦呻吟，有的疯狂吼叫……数小时（实际

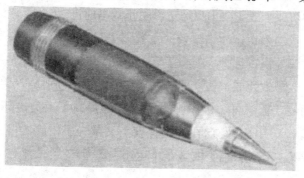

美制 W79 型中子弹示意图

试爆中子弹

上只需 1 小时）后，敌军士兵大摇大摆走进这片坦克阵地，开走了能动的坦克（中子弹只杀伤人不毁物或少毁物），俘虏了还活着的士兵。

冲击波弹是以冲击波效应为主要杀伤破坏因素的特殊性能氢弹，又称弱剩余辐射弹。与中子弹正相反，冲击波弹是在核爆炸时增强它的冲击波效应，同时削弱核辐射效应。

冲击波弹的杀伤破坏作用与常规武器相近，能以地面或接近地面的核爆炸摧毁敌方较坚固的军事目标，产生的放射性沉降较少，核爆炸后部队即可进入核爆区，因而作战运用十分方便。它是一种战役战术核武器，用于攻击战役、战术纵深内重要目标，例如地面装甲车队、集结部队、飞机跑道等，也可炸成大弹坑或摧毁重要山口通道以阻止敌军前进。

例如对人员的杀伤，冲击波效应主要以力量巨大的挤压和撞击，使人员损伤内脏或造成外伤、骨折、脑震荡等。一枚 1 000 吨级当量的冲击波核弹头低空爆炸时，人员致死或重伤立即丧失战斗力的范围分别是 260 米和 340 米。

和以前的核武器一样，中子弹与冲击波弹提高了人类破坏世界的能力；和以前的核武器不一样，它们在一定程度上又减轻了核武器对这个世界的破坏。人类拥有第三代核武器，究竟是幸运还是不幸？

第四代核武器

核武器的出现严重威胁着整个人类的安全，它们的发展受到全面禁止核试验条约的限制。于是，有些国家产生了研制第四代核武器的念头。

第四代核武器是不用传统核爆炸即可释放大量核能，产生大规模杀伤破坏效应，又完全不产生剩余核辐射的核武器。它的发展不受全面禁止核试验条约限制，可以作为常规武器使用因而备受有核武器国家的关注，但因它技术复杂，研制难度很大，只有那些已掌握了原子弹、氢弹核武器，核技术水平高的国家才有能力发展第四代核武器。

例如，反物质武器。1986 年，科学家在磁陷阱中首先捕获到反质子（带负电的质子称反质子，带正电的电子称反电子），这一重大的新发现使人类对反物质的性能有了突破性认识。物质与它的反物质相互作用，又称湮没反应，可迅速放出巨大能量。仅几微克的反物质就可激发出极强的 X 射线和 Y 射线，因而在军事上有多种用途。现在，在美国费米国立加速器研究所、法国和瑞士合建的欧洲核研究中心以及俄罗斯的高能物理研究所，都在进行反物质的

美军正在研制的核炮弹

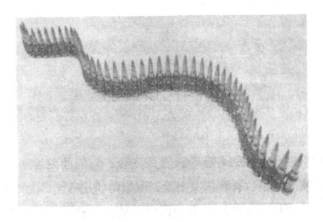

第四代核武器有可能做到如子弹般大小

生产和研究。但目前科学家们只能在实验室里制造出极短暂存在的反物质粒子，因此，反物质武器的前途漫漫，还只是一种设想。

利用核同质异能素制成的武器叫做核同质异能素武器。这种核武器可通过高能炸药来引爆，可释放大量核能，它的能量是高能炸药的 8 000 万倍。

"金属风暴"

从使用火药的枪支发明以来，开枪就一直是一个机械过程：使用者扣动扳机，撞针击打枪膛中子弹的底部，引燃火药使弹头飞出，随后，下一枚子弹又从侧方弹入枪膛。这好像是开枪不可改变的原理。

然而机械过程总是容易出差错的，质量再好的枪支也不能保证活动部件一直不出问题，任何枪支都存在卡壳、走火等隐患，在战争时期，偶然故障造成人员伤亡的事情比比皆是。两次海湾战争中，都有美国士兵因枪走火丧生的报道。

澳大利亚一家军火公司提出了一项彻底改造开枪方式的数字技术——金属风暴，它的设计方案是移除枪的所有活动部件，代之以电子弹道技术，通过计算机来进行控制。

这种技术的关键在于，使用预设的电信号点燃储存在专门设计的子弹里的火药。火药小爆炸产生的压力将子弹推出，同时也使下一颗子弹膨胀从而

设想中的小型金属风暴武器

金属风暴武器的内部示意图

如果长弓阿帕奇配上"金属风暴"会怎么样？

封住枪管，以免其他弹药被击发。使用这种技术，堆放在枪管中的子弹以每分钟6万发的速度射出。如果多管联发，则可以达到每分钟上百万发的速度。

现在的问题是开枪的速度太快，弹药供给倒成了大问题。因此，这种高频机枪暂时还不能供单兵作战使用。专家们建议把它装备在战车上、舰艇和直升机上。设想一下，假如一台阿帕奇武装直升机使用长弓雷达扫描目标，然后用这种机枪进行扫射，那么，简直就如同一个喷墨打印机把墨滴喷射到打印纸上一样精准。当有导弹来袭时，金属风暴能在一瞬间在空中织成一堵强大的火墙，直接击杀来袭导弹。如果导弹侥幸穿越屏障，拦截器还可以在0.003秒内重复击发，直至导弹被摧毁为止。

可以相像，通过一些技术上的调整，高频机枪武器还可根据不同目标调整发射速率，或者使用不同炮管、不同弹药等等。比如配上了橡胶弹头，就可以无伤害地驱散密集的人群。

从科幻走向现实的实用型激光武器

目前，在研制化学激光武器的进程中，有两个问题需要解决，一是如何使得激光束的能量足够强大，二是在激光器运行时会产生剧毒的化学废气，会对操作人员造成很大的伤害。而据报道，美国空军研究工作实验室的定向能武器专家宣称，他们即将攻克这两个阻碍激光武器发展的障碍。激光武器研制的承包商波音公司通过试验证明，他们已经可以产生作为武器使用的足够的激光束，而同时产生的化学废气也有办法安全地密封起来。

如果进展顺利的话，也许在几年之内，高级的战术激光武器就会投入使用。这将给一切空中力量带来致命的威胁。人们还没有想出什么办法来应对时速 30 万千米的激光武器，它的瞄准攻击几乎不需要提前量。也许有一天，战斗机在接近敌人基地时，只看见电光一闪，就不得不跳伞逃生了。

乐观地估计，实用型激光武器大概会在 2010 年左右推出，专家们预估这种激光器能射出 1 兆瓦特能量的激光，射程为 32 千米，可以维持数毫秒。这

地基激光武器的设想图

机载激光武器的设想图

也足够摧毁一架战斗机了。

一旦激光器功率和废气的问题得到解决，专家们将会把精力投入到瞄准、跟踪和发射系统的改善上。比如，弄清楚对各种武器需要进行多长时间的激光照射，应该攻击它们的何种部位等等。

作为提供能量的方案，专家们认为实用型的激光武器将以电作为动力，

天基激光武器设想图

美国高能激光武器

并靠二极管补充能量。这样就可以克服化学激光在储存和运输上的缺点。而这种激光武器研制遇到的最大挑战是光电转换效率太低，实际上大约90%的电能都转换成了热量，这就需要采取非常有力的措施给二极管等元件降温，保证激光器的正常运行。

一旦技术上的难题得到解决，技术人员就能造出体积非常小的激光武器，它们可以安装到战斗机或者战车上，成为短期内还没有克星的新式武器。

静音鱼雷

在现在的技术条件下，鱼雷在水里运行时会发出相当大的噪音，这很容易被检测到，从而暴露了目标。那么，有没有办法让鱼雷也静音呢？现在，军事科学家们正在努力解决这个问题。

冷战期间前苏联科学家就提出了一种火箭推进的鱼雷的设想，它采用一种叫做超空化的技术。超空化鱼雷要解决的最大难题不是动力，而是如何减

用火箭推动的新型鱼雷正在研制中

少海水的阻力，最好的方法就是创造一个气泡包裹在鱼雷外部，这就是超空化技术。这种技术的关键在于，让气体从鱼雷头部均匀地喷出，在行进的鱼雷周围形成一个气泡，而躲在这个大气泡中的鱼雷，行进速度越高，受到海水的阻力越小。

经过多年的研发，美国军方实际上已经研制出了初步使用超空化技术的鱼雷样品，它已经可以笔直地击中目标。不过，单纯笔直地冲向目标，这和军队的要求还有差距，还要想办法让它能够拐弯、识别目标，并且可以靠信号、雷达等追踪目标。

技术上最大难点就是探测和自导引技术。可以设想，如果要让超空化鱼雷拐弯，原本对称的气泡也将变形，这时就要想办法控制气泡，比如在一侧喷出更多的气流。几乎所有其他改进都要首先解决这一难题，而在水里控制

传统鱼雷的速度比较慢

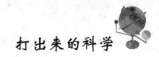

气泡的技术在当前还是一门新学问。

超空化鱼雷的出现也许将改变旧有的潜艇战略和舰艇战略。它极其灵活机动，噪音也很低，敌人很难发现。它可以配备常规弹头，也可以配备核弹头，甚至不装弹头也可以出击，它那 200 多千克的质量，370 千米的时速已经足够对军舰造成大破坏了。

生物武器与化学武器

在生活中，我们都需要接种疫苗，以防止感染上某些传染病。例如我们接种乙肝疫苗，就是为了防止感染上乙肝。那么，如果在战争中故意对敌方进行病毒侵袭将是怎样一种情况呢？再者，如果向敌人投放有毒的化学物质呢？

1859 年，法国军队前往阿尔及利亚作战，对方释放了病毒，结果有12 000人感染上了霍乱，不战而退。

以前，使用生物武器的情况还非常少，仅限于使用各种自然物，通过人、畜等媒介，使对方受到感染而得病。

然而，到了 20 世纪，一些战争狂人却开始人工培养大量的可以造成传染病的细菌和病毒，培养以后再放到释放装置里，对敌方进行攻击。在第二次世界大战中，德国法西斯就进行了许多细菌武器的实验，屠杀了大量无辜的

美国新泽西州演习受生物武器攻击的情况

防范生化武器攻击的演习

犹太人和战俘。无耻的日本侵略者成立了专门的研制生物武器的部队，在我国东北进行实验，将我们的许多同胞活活害死，犯下了滔天罪行。

现在，生物武器也不断地改进，杀伤力更为巨大。其中有装有生物制剂的各种炸弹、导弹弹头等等，已经成为一个庞大的家族。

生物武器是十分惨无人道的恶魔，如果放任这些武器危害世界，那将是十分恐怖的！

和生物武器一样，化学武器也令人不寒而栗。化学武器在使用的时候，往往是将化学试剂制成液体或者气体状态，这样更便于对敌方形成有效的杀伤力。

化学武器主要通过同人体的接触来引起人的中毒，它的杀伤力广泛，使用起来十分灵活，具有很强的选择性，可以根据需要，既可以选择杀死对方，也可以使对方昏迷。作用时间可以是几分钟、几个小时或者几天甚至更长。在化学武器当中，化学毒剂是其中的重要组成部分，可以使人呕吐、昏迷、麻痹、窒息、糜烂甚至死亡。

随着现代武器技术的进步，化学武器可以装载在炮弹、航弹、火箭弹、导弹甚至地雷当中，使它的杀伤力更为巨大。

自从化学武器问世以来，国际社会一直极力反对研制和使用化学武器。

但是，有的国家把化学武器看成是军队实力的重要因素，化学武器的发展从未停止过。

在第二次海湾战争中，美国曾重金悬赏缉拿一位号称"化学阿里"的伊拉克将领。那位阿里将军在镇压国内人民对萨达姆的反抗时就使用过灭绝人性的化学武器。

计算机病毒

现代社会最显著的特征是什么？是信息技术的迅速发展和广泛普及。信息技术的不断进步，使得现代社会的任何东西都同电脑联系起来。同样，战争也不例外，各种新式的尖端武器都是利用计算机进行操控。因此，操控战争的计算机也成为对方攻击的目标。对计算机的攻击，最有效的手段不是进行打砸和轰炸，而是利用计算机病毒。

计算机的运行都是遵照一定的程序来进行的。所谓的计算机病毒，同样也是一种程序，它能够使计算机原来的正常程序受到破坏，使它的运行产生紊乱，这样整个控制中心就瘫痪了。和其他的作战武器不同，计算机病毒具有很大的隐蔽性，不容易被追查到，而且不需要投入大量的人力物力。一旦破坏了对方的计算机控制系统，实际上也就会导致对方军队系统的指挥瘫痪。

随着信息技术的不断发展和普及，科学家断言：未来战争破坏力最大的已不再是什么核打击；在电脑成为军事指挥、武器控制和国家经济中枢的情况下，计算机病毒武器才是未来信息战争的杀手锏。谁拥有了电子计算机方

破坏网络，就像破坏社会的神经系统

网络时代，计算机本身成为攻击的目标

面的尖端人才，谁就既能够有效地防止敌国对自己的网络信息系统的攻击，又能够及时地制造计算机病毒，去攻击敌方的网络信息系统，从而破坏敌方的指挥、对武器的控制等等，也就会赢得战争的胜利。

在和平时期，制造计算机病毒的人会给正常的社会秩序造成极大的混乱。因此各国出台了各项法律、法规严厉打击利用计算机病毒进行犯罪的行为。

非致命武器

冷战结束以后，美国倚仗自己强大的军事实力东征西讨，军费开支也越来越大。懂一点军事的朋友都知道，美国是世界上军费开支最大的国家，很多新式武器都在美国研制出来。非致命武器的始作俑者也是美国。

据报道，美国空军耗资 4 000 万美元，研制出的类似微波炉或是科幻电影中的集中热源光束武器，很可能在 2009 年投入使用。

集中热源光束武器是非致命武器的雏形。这种可以向远方发射的光束，不会导致燃烧或爆裂，但可以让受害者全身有灼痛感，比我们碰到热水烫一下要厉害得多。

美国德州西南研究中心为陆战队研发出一种可以喷射超滑反摩擦乳胶，也是非致命武器的一种。这种乳胶喷到地面异常光滑，车辆、行人都无法在上面行驶或行走。这种乳胶不含有毒物质，也不是生化武器，成分大部分是水，约在 12 个小时后会自己蒸发干净。但是 12 个小时对于撤退或采取其他行动可是足够的时间。

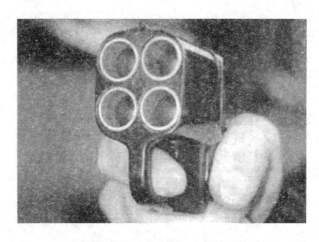

俄罗斯的非致命武器——黄蜂手枪

装备有闪光震晕榴弹的自动车

美国费城一处实验中心研制一种恶臭气体，足以驱散抗议人群、暴动滋事者甚至敌军部队。这种气体闻起来五味俱全，包括呕吐物味、下水道的污水味、腐肉味等。

在战争史上，各种新式武器的"闪亮登场"常常伴随着血流成河的悲惨场面。非致命武器是否可以减少战争带给人类的恐怖呢？

六、未来武器

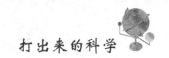

未来的火炮

大家都知道，光的传播速度很快，每秒钟可达 30 万千米。就是说，在眨眼的一瞬间，光能绕地球赤道转 7 圈多。因此，自 20 世纪 60 年代初激光问世后，人们就想利用它的高亮度和极快的速度研制成一种激光炮，以对付性能不断完善的飞机、坦克及导弹。

1985 年夏，在美国导弹试验场进行了一次新武器试验。发射场上摆着一门新奇的大炮，架子上有一个很粗、很短的"炮筒"，只有一位操纵员坐在炮后。随着指挥员一声令下，一枚"大力神"导弹腾空而起；接着，指挥员命令那门神奇的大炮将导弹击落。只见操作员瞄准导弹，一按电钮，炮筒射出的一道强光像把利箭瞬间将导弹摧毁。原来，这是美国研制的激光炮正在进行试验。

激光炮击毁目标的方式与一般火炮不同。它主要借助于激光具有的强烧蚀性能、辐射和强激波烧毁目标或破坏目标上的仪器等，使其失灵或失效。据美国军界透露，美国曾有三颗人造侦察卫星，在飞越前苏联上空时，上面的一切仪表突然失灵，他们猜测是被激光炮之类的武器"射击"后损坏的。

由于激光的传播速度极快，所以激光炮在射击飞机、导弹、坦克等活动目标时，根本不需要考虑提前量问题，指哪儿打哪儿，光到目标毁，敌人根本无法逃脱。另外，激光炮也没有一般火炮射击时那样大的后坐力，更不会发生令炮手生畏的"膛炸"或早炸，并能及时变换方向去射击其他目标。

为了使激光炮的能量集中，通常都用直径很大（几米到几十米）的反射镜将激光聚成很细的光束。但激光炮也有缺陷，例如：在大气中传输能量损耗较大，光束易变粗或产生抖动，从而使威力降低；并且激光束易受云、雾、雨等的影响。可以预测，不久的将来，激光炮会在战场上广泛使用。

自从 19 世纪发现电磁感应定律以来，人们就产生了借助强大的电磁力发射弹丸的想法。美国从 20 世纪 70 年代末期就开始研制这种电磁炮。经过多年反复试验和改进，目前已研制出一种不用火药就能发射炮弹（速度达每秒钟 10 千米）的电磁炮。

这种电磁炮结构非常简单，它只有两条十几米长的铜导轨，而炮弹却很小（只有几克重，象五分硬币那样大），装在两条导轨之间。发射时，给两条导轨接上电源，一按电钮线路就接通了。这时，弹丸在强大电磁力作用下，像流星似的在空中划出一道白光，从导轨上发射出去。电磁炮最关键的装置是电源设备，它能产生数万至数十万安培以上的直流脉冲电流，通过两导轨之间滑片的金属箔片气化为等离子体，在强磁场中受到加速力的作用，把弹丸高速发射出去。这种强大的电磁力量就像炮弹中特殊的火药力量。

电磁炮的优点是弹丸初速高，射程远；炮弹结构简单，省去了弹壳、药筒和发射药等；可减少污染，减低成本且安全可靠，是射击敌坦克、飞机等活动、装甲目标的理想兵器。但目前一些技术问题仍有待于解决，离真正在战场上使用尚有一段距离，因而它可能成为未来的"明星兵器"。

电磁炮早在 1916 年就有人开始研究了，但真正取得实质性进展是在 70 年代以后。目前，美、英、法、日、德、奥等国都在研究电磁炮。美国 1989 年研制了 3 门 900 万焦耳（一种能量单位）的电磁炮，并计划在 90 年代里研制出反导弹电磁炮、坦克用电磁炮等，预计到本世纪末会出现实用型电磁炮。

电磁炮虽然处于试验阶段，但可以看出它的一些显著特点：弹丸速度高、射程远、精度好、穿透力强。目前初速已达 10 千米/秒以上，预计将来可达 100 千米/秒，这是常规兵器根本无法相比的（火炮初速一般小于 2 千米/秒）。

另外，电磁炮的弹丸尺寸小、重量轻、初速度和射程可调，发射后坐力小，无声响，无烟尘，是一种较为理想的武器。美国正在研制第一代天基电磁炮，全长 45 米，重量在 25～150 吨之间，能将 1～2 千克重的炮弹射向 2000 千米外的目标。可拦截飞行中的洲际弹道导弹和中低轨道卫星。电磁炮可以作为航天器的自卫武器。

自火炮问世以来，一直使用固体发射药作能源发射弹丸。然而比火炮问世还早的火箭，很早就实现了采用液体推动剂作发射能源，且使用效果非常好。火炮能否也使用液体发射药呢？

第二次世界大战结束后，美国、前苏联和日本等国就先后开始研究液体发射药在火炮上的应用。目前，美国已研制出 155 毫米液体发射药自行榴弹炮和 4 管 25 毫米液体发射药高射炮（样炮）。

液体发射药炮取消了药筒，发射时靠向高压密封装置内自动加注液体燃烧剂和自动点火，使燃烧剂在高压密封装置内燃烧产生高压气体发射弹丸，因而它结构简单、射速高。加之液体发射药能量高、燃烧温度低，便于生产、运输和补给，因而火炮初速大、射程远、身管使用寿命长、携弹量多、安全可靠。另外，液体发射药炮通过精确控制注入药量和改变射角调整火炮射程，可根据需要自动连续无级地改变装药（不像固体发射药火炮发射时需改变装药号数），提高了火力机动性。预计液体发射药火炮在不久的将来可装备部队。

为了对付破坏力极大的核弹头洲际导弹的袭击，美、苏早在60年代就开始研制各种反导弹导弹系统，但由于没有脱离传统武器的范围，结果都不很理想。从70年代起，人们发现高密度、高速度的粒子束和微波束等定向能射束，其速度接近光速，比导弹的速度快几十万倍，是对付核导弹、卫星等最具威胁力的"杀手锏"。

射束武器，是一种利用高能强粒子流射束或大功率微波波束击毁目标的定向武器，也叫作"射束炮"，它的穿透能力极强，能轻而易举地穿透各种材料制成的来袭导弹，比激光武器的破坏力还要强。这种高能强粒子束的传播速度快，对付来袭导弹几乎不需要预警时间，也不必考虑提前量，从发射到命中目标最多仅需几十毫秒（1秒等于是1000毫秒）。另外，粒子射束可穿过雨、雪、云、雾等，不受恶劣气候条件的影响，是一种全天候作战武器。但这种武器拦截目标的距离较近，高度低，且粒子带电易受地球磁场影响。

美国为实现其"星球大战计划"而研制的一种天基粒子束武器，计划配置在卫星或宇宙航行器上作为天基作战平台，用于拦截处于主动段的洲际弹道导弹等目标。目前，射束炮尚有许多难题没有解决，但它必将成为未来的一种新兵器。

当机器人在20年代捷克作家的幻想剧本中出现的时候，有些科学家从中就悟出了它的实用性。于是，人们想象在未来战场上对一些危险性或有害性较大的场合采用"机器人"操作。

为了满足未来战争的要求，美国于1983年开始研制一种无人操作的、具有变革性的"机器人榴弹炮"。该样炮由M109式155毫米自行榴弹炮改进而成，上面装有一套液压操纵的机器人弹药输送和装填系统，它由6个液压传动的自由度机械手、自动输弹盘和快速输弹机等组成。机械手可抓举45千克重的弹丸。机器人与火炮控制系统完全联在一起，由计算机控制的机械手可根据作战需要和指令自动从弹架上选择所需要的弹种和发射装药。射击时，机械手将弹药放在自动输弹盘上，由快速输弹机装填。该炮目前仍由1名炮手在车上或在火炮附近通过遥控台操纵射击，将来会完全由机器人自主地完成火炮系统的操作。

未来的飞机

山鹰觅食、寻找猎物，总是把翅膀张得大大的，在空中低速盘旋。发现猎物，瞬间收拢翅膀，成后掠翼向下俯冲，即将触地时，又迅速张大翅膀，叼住猎物。鸟类高超的变化翅膀飞行，给飞机设计师很大启示，导致了"可变后掠翼"技术的产生。

飞机在飞行时，低、高速飞行对机翼的要求是不一样的。低速飞行，要求后掠角小，最好是平直翼，飞行速度越快，飞机的后掠角越大。

可变后掠翼具有活动的机翼，一会儿伸出翅膀，像雄鹰展翅；一会儿向后缩拢翅膀，像海燕掠水。

可变后掠翼的缺点是：结构复杂，重量增加。于是设计师又推出了一种新的可变翼飞机——斜翼机。这种斜翼飞机的机翼是直的，能沿机身上轴心缓慢移动。起飞和着陆时，机翼呈水平状态，高速飞行时，机翼逐渐转向倾斜，像一把张开的大剪刀，因此又称"飞剪"。

斜翼机比变后掠翼飞机结构简单，同时兼顾了低高速飞行的要求。

不久前，设计师又来了灵感，将单斜翼机变成双斜翼机，这就是 X 翼飞机。X 翼飞机可以像直升机一样，垂直起落，并在空中停留。飞机飞行时，X翼不动，组成一副前掠一副后掠翼，可以用很快的速度飞行。

这实际上是直升机和固定翼飞机的组合，想得真妙呀。

人类模仿鸟类定翼翱翔，发明了固定翼飞机，现代飞机已发展到比任何鸟类飞得更快、更高、更远，但在飞行的灵活度上，飞机还远远比不上鸟和昆虫。

鸟类飞行主要靠定翼翱翔和扑翼飞行，研究表明，扑翼飞行，所需要动力最小，只有固定翼的1/30，而且翅膀拍动越快，飞行本领越高。

蜂鸟是世界上最小的鸟，只有几克重。它的翅膀每秒扑动80次，飞行本领最高，它可以垂直起落，一下子可以飞到200米高度。突然间又可以直降下来。它在吸吮花蜜时，可以直立竖在空中，进退自如，这是多么高超的飞

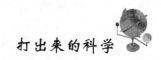

行技巧！鸽子每秒扑动 4～6 次，飞得也不坏。鹤的体重较大，每秒扑动 1 次，飞得较笨拙。

昆虫飞行的最大特点是振翅，即高频率的扑翼。蜜蜂每秒 200 次，苍蝇达 300 次，蚊子 500 次以上，有些昆虫高达 1000 次！昆虫飞行本领之高，令鸟类望尘莫及。

令人讨厌的苍蝇，可以说是最优秀的微型飞行器。它可以瞬间起落，根本不需要滑行助跑。它风驰电掣般地飞行，在快速飞行时又能突然中断，它可以前飞，倒飞，悬停，上下翻飞，何等灵活！

如果飞机能像昆虫一样飞行，该多妙啊！

到目前为止，人们还没有制成一架实用价值的扑翼飞机，但对扑翼飞机的研究，已经取得了很大进展。正在研制的昆虫翼飞机，是将扑翼动作转换成旋转运动，达到扑翼飞行的效果。

飞艇，曾有过灿烂的时代，但由于飞艇内的氢气多次起火爆炸，使飞艇走上衰落的道路。

火是影响飞艇发展的主要障碍。

于是人们想到了用不易燃的氦气替代氢气，装在飞艇内。飞艇再一次复活了，终于从火的障碍中飞出来了，并呈现出飞速发展的势态。

人们把飞艇和飞机结合在一起，形成了各式各样的浮力飞机。

浮力飞机像一般飞机一样起飞。但由于浮力飞机的升力是浮力和空气动力两部分合成的，其升力和载重量要比一般飞机大得多。

目前世界上最大的安－225 运输机，最多可运载武装士兵 1000 名，而浮力飞机则可运载 10000 名。

现代 "飞人"

自古以来，人们就幻想着像鸟一样在天空自由飞翔。《封神演义》里有个 "雷震子"。他吃了师傅云中子给他的 4 枚红杏，左右胁下各长出一个肉翅来。从此，他就可以飞翔自如。如果咱们的解放军战士也能像传说中的雷震子一样，自由飞翔于崇山峻岭之中，好似 "天兵天将"，突然杀到敌人后方，那该多好啊！

人用体力扑翼飞行是很困难的，但可以借助微型飞行器使人飞起来，像鸟一样逍遥自在，真正成为"飞人"。

水中飞鱼——潜水飞机

在辽阔的海洋里，生活着各种各样的飞鱼。它们时而在水中潜游，时而跃出水面，在空中滑翔飞行。

科学家正在研制一种飞机，它可以突然从水里钻出来，飞向蓝天；又可以从天上俯冲下来，钻入大海，这种飞机称为潜水飞机。

当潜水飞机要潜入水中时，打开水舱阀门，飞机的水舱里就会进水，当飞机的重力大于浮力时，飞机便沉入水中。需要浮出水面时，只要将飞机水舱里的水排出就可以浮出水面了。

潜水飞机具有空中飞行、水上活动和潜水航行三大本领。水中蛟龙和天上神鹰相结合，真可谓天宫龙宫尽显神威。

原子能飞机

原子能是一种先进的动力。现在已有了用原子能作动力的核潜艇。那么，能否也用原子能作动力制造原子能飞机呢？

科学家在1956年就研究制出了供飞机使用的原子能发动机，但原子能飞机始终没有上天。原因是产生原子能的核反应堆太大、太重了，一般飞机无法安装。

现代出现了一些大型飞机，其内部空间较大，有利于安装核反应堆，制造原子能飞机已成为现实。

另外，由于飞艇体积大，特别适宜安装原子能设备。未来的原子能飞艇，重达几千吨，内部犹如一座小城市，可载数千人。飞艇顶部有直升机起落平台，用直升机接送乘客上下飞艇。飞艇可以不着陆连续围绕地球飞行。

太阳能飞机

1981年7月7日，小型太阳能飞机"太阳挑战者"号，静静地在天空飞翔。经过 5 个半小时，飞行 260 千米，横跨英吉利海峡，一口气从巴黎飞抵伦敦。这次历史性的飞行，向人们展示太阳能已进入了航空领域。

新近研制的大型太阳能飞机"猎鹰"已经试飞，在实用性上又跨出了重要的一步。它巨大的机翼上布满了太阳能电池，带动 8 个螺旋桨慢慢地搅动空气，声音很小。速度达到每小时 145 千米。"猎鹰"的"爪子"部位还装备性能优良的导弹。

太阳能飞机可以永不着陆，成为空中流动堡垒。

微波飞机

微波是一种无线电波。加拿大科学家首先制成了世界上第一架无人驾驶的微波飞机。

在地面上设置一个超大功率的发射机，一由它产生超强功率的微波，发射给微波飞机。微波飞机把接收到的微波转换成直流电，再去驱动螺旋桨转动，带动飞机飞行。

目前，微波飞机还处在实验阶段，受地面微波发射天线的限制，不能飞得很远。

微波飞机不需要携带任何燃料，像一颗精巧的低轨道卫星。它在军事上可以完成许多传统飞机不能承担的重要使命。它可以作为预警机守卫国土，也可以进行环境复杂的空中侦察，还可以作为最好的空中通讯中继站。

飞碟式飞机

在广阔的天空除了形形色色的飞行器外，还经常出现一种叫"昂佛"的怪物，也有人把它叫"飞碟"。"昂佛"是"来历不明的飞行物"，它已成为航空科学之谜。

研制"飞碟"式飞机，一直是飞行家们的梦想。早在 1940 年，德国就率先制成了第一个飞碟式飞行器，被盟军称为"神秘的希特勒飞盘"。它可以垂直起落，能悬停，又能飞行。

到了近代，各式各样的"飞碟"式飞机不断出现。它结构简单，机动灵

活，生存性高。可像神话中的"波斯飞毯"一样，自由飞舞。

未来的"飞碟"式飞机很可能成为空战的主力。

空天飞机

空天飞机能从一般机场跑道上起飞、加速，穿越大气层，进入地球轨道，执行任务后再返回大气层，在机场着陆。被称为航空、航天飞机，简称空天飞机，它将代替目前只能垂直发射，但可以水平着陆的航天飞机，因此又被称为第二代航天飞机。

空天飞机最大的优点是运输费用低，只有航天飞机的十分之一，并且不需要规模庞大、设备复杂的航天发射场。

空天飞机最高飞行速度是音速的 25 倍，在 2 小时内，可以到达地球上的任何地方，有重要的战略意义。

装备激光武器的空天飞机将是未来航天战的主力。

未来的雷达

相控阵雷达

随着雷达技术的发展，从 20 世纪 60 年代开始，雷达家族出现了一位"多面手"——相控阵雷达。

这种雷达可以同时具备对不同目标进行远程警戒、引导、跟踪和制导等多种功能。它能在 30 秒钟内对 300 多个目标进行跟踪。对于像篮球那么大的目标的最大探测距离可达 3700 千米，可以说是目前雷达技术的尖端。

我们知道，要想让雷达看得远，天线就得做得很大，这样一来，天线转动起来非常缓慢，跟踪快速飞行的洲际导弹就显得力不从心。而相控阵雷达已成功地解决了这个问题。

有一种相控阵雷达，外形像一座 30 米高的大楼，它的天线就像一面直径为 29 米的墙，倾斜角为 20°。在这面圆形的天线上，排列着分为 96 组约 15360 个能发射电磁波的辐射器，分别连着各自的发射机和接收机，就相当于有 96 部普通雷达组合在一起。

相控阵雷达的 96 组收发系统由电子计算机统一指挥，谁负责警戒，谁负责跟踪，谁来制导，都有明确分工。这样，它身兼多种功能，而且计算机计算速度快、容量大，在很短时间内就能完成由各种普通雷达配合起来才能完成的任务。

相控阵雷达的天线是固定不动的。它只能看到正面 120° 方位角范围的目标，看不到背后的目标。为了让它能看到 360° 范围内的目标，一般靠三面天线阵同时工作或把天线做成圆顶形的。

脉冲压缩雷达

现代雷达，要求测量目标的作用距离远。增加作用距离的方法之一，就是把雷达发射电磁波的能量加强，这样可以使脉冲功率提高和采用宽一些的脉冲来实现。

我们知道，电的能量是用功率乘上时间来表示的。雷达技术上也是如此，增加发射脉冲能量除了提高发射功率外，还可以使脉冲存在的时间——脉冲宽度宽一些。

但脉冲宽度加宽，又带来了一个问题，就是导致雷达距离分辨力变差。什么是距离分辨力呢？当雷达天线对准目标后，如果在同一方向上有两个目标，比如有两架飞机一前一后地飞行，那么雷达所能识别这两个目标之间的最小距离，就称为距离分辨力。

距离分辨力与脉冲宽度有密切的关系。在雷达显示器上，回波信号的波形与雷达发射脉冲宽度是成比例的。

如果发射脉冲太宽，从第一个目标和第二个目标反射的回波，就会重叠在一起，分不清是两个目标。

如果雷达采用很窄的脉冲，那么就可以分清两个反射回波，而且能测出两架飞机相隔的距离。

在军事防空体系中，对雷达的距离分辨力要求很高。所以脉冲宽度要尽量采用窄一些的，但这样又与增大雷达作用距离相矛盾了。

激光雷达

激光雷达是由微波雷达发展而来的，它们都是向目标发射探测信号，然后通过测量反射信号的到达时间、波束的指向、频率变化等参数来确定目标的距离、方位和速度。只是激光雷达利用激光束来工作，波长比微波要短得多，只有 $0.4 \sim 0.75$ 微米。

由于激光具有许多优点，如它的单色性好，亮度高，方向性强等，使激光雷达比微波雷达更为优越。它的精度高，分辨力强，设备小而轻，有的能显示目标图像，还可以用来测速。随着激光技术水平的不断提高，激光雷达在国防上的应用将会日益广泛。

激光多普勒频移雷达：它是利用多普勒效应原理，利用频率计测定频移来达到测量目的的。因为激光波长极短，在目标相对雷达运动时，频移现象

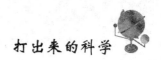

将特别显著，故能精确测定目标的运动情况。

激光测高计：用于从空中测量地面或海面的高度。

人造卫星激光雷达：用于对人造卫星进行测距和跟踪。

激光气象雷达：用以测量云层方位、晴空湍流、流星尘等。

喇曼激光雷达：用以测定大气污染情况和大气中各种物质成分。

障碍回避雷达：可绕过山峰等各种地形障碍来进行探测。

天基雷达

世界上一些国家已经开始研制天基雷达，就是把雷达部署在太空中，居高临下，监视范围非常大，而且安全可靠，它具有波束捷变能力强、分辨率高、识别目标能力强、干扰小等优点。

美国"星球大战"计划，将开发能跟踪运载火箭，区别真假弹头，并且作为天基动能武器火控系统的天基雷达。它采用相控阵技术，工作在毫米波段，能同时跟踪 500 个目标，并且可以对杀伤效果作出准确评价。例如星载雷达，这种雷达将发射机装在卫星上，而接收机装在大型飞机里，由于雷达功率小，重量轻，只要把回波信号返回到目标附近的飞机上，而飞机不用发射信号，所以雷达获得的目标信息精度高，隐蔽性很好。

现代各种用途的雷达正向数字化、固体化、计算机控制和多基地雷达体制的方向发展。计算机使雷达的操作、维护和使用自动化，并能提高雷达的可靠性，缩短其反应时间；自适应雷达能在环境变化和干扰情况下迅速自动调整，并充分发挥最佳功能；超宽频带、多频率和极化编码技术能提高雷达识别目标的能力和电子对抗能力等。

随着各种芯片的研制成功以及人工智能技术的发展，21 世纪的雷达世界将出现百花争艳的盛景。

未来的核弹

核武器和任何武器一样，都是适应战争需求而发展的，使用需求越大，其发展也越快。

为了适应核威胁及核使用的需求，核武器经历了美苏核竞赛的大发展时期。从其数量上来看，它早已过饱和达到超毁伤需要状态。自前苏联解体后，美俄的争霸矛盾得到缓解，大战的可能性至少在近期基本上已不存在。因此，核军备的发展和竞赛已放慢，但为了适应"冷和平"时期核威胁的需要，他们的核武器发展不会停止，为了保持核威胁的有效性和核优势，今后将继续保持侧重在质量上求发展的方针。美国当前的核发展，主要表现为更新换代，发展特种功能的新核弹，以及防御各种导弹核武器的拦截技术。

核军备控制是核大国核军备发展到一定阶段，其核竞赛既力不从心又不得人心，同时对发展中国家的核发展欲控制之际的产物。它是核大国的核战略政治外交斗争手段之一。当前，核军备控制主要表现为核扩散和防止核扩散的斗争。

核谈判、核裁军、核军备控制是适应核战略外交斗争需要的，核武器数量、质量的发展是适应国防建设核军备发展需要的。核霸主及某些核大国并未根本停止发展其核力量，只不过由过去的重数量转变成现在的重质量，实行"精兵"政策和放慢发展速度，缓和经济危机，提高综合国力而已。同时，它们为了达到削弱无核或少核国家的核力量的发展，进而达到对他们核力量发展的削弱控制，保持其核优势。无核或少核国家也没有放弃核发展的努力。

任何武器只要它没有失去威胁和使用价值，它就必然仍是战争的工具。冷兵器早为时代所淘汰，但刺刀、匕首至今仍为防身武器。如今有核国家的核战略政策，都是由核威胁、核力量使用、核武器发展政策所组成。我们应听其言、观其行，千万不可人云亦云，盲从地被人牵着鼻子走，"有备无患"是我国历代军事思想的"古训"，任何时候都不能麻痹。

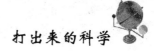

武器是战争的工具，它的发展、使用，必须服从战争形势需求，以及战争条件和环境等诸多因素的发展变化的影响，核武器也不例外。自古以来，武器都是"长短相补、曲直相辅"的，任何一种武器既不能一统天下，也不会轻易为另一种武器所取代。核武器既不能取代其他武器，其他武器（包括高技术兵器）也不能取代核武器，任何武器都有其自身的价值。

毛泽东曾说，原子弹既是纸老虎，又是铁老虎，要在战略上藐视它，在战术上重视它。有矛就有盾。自古以来，还没有不能防御的绝对武器。但无视核武器的大规模毁伤作用，寄希望于侵略者的仁慈，同样是不对的。使用冷兵器的义和团、小刀会毕竟不能战胜洋枪队。当今世界，关于核武器的攻防竞相发展，星球大战、战区导弹防御等就是核攻防的新发展，我国在这方面也不能等闲视之。

未来的导弹

自第二次世界大战以来，世界各国都十分重视导弹武器的研制和发展，不仅装备了各种类型的导弹，而且应用于实战中。20世纪70年代后，导弹进入了一个新的发展阶段。总的趋势是向着进一步提高命中精度、突防能力、生存能力和缩短反应时间、小型化、智能化方向发展。未来导弹无论在命中精度、机动性能、爆炸威力等方面都将得到较大提高，特别是精确制导的各种战术导弹，将以其命中精度高、自动寻的制导、毁歼力大、抗干扰能力强、作战效益高而更加令人瞩目。

提高命中精度是导弹发展的方向之一。要提高命中精度，可能采取的措施有：提高惯性测量装置的精度，使惯性元件的加工、测试与装配更加精确化；改进电子器件质量，实现微型化，提高弹上数字电子计算机的存贮量与计算速度；采用卫星、预警飞机测量导引技术；采用复合制导技术；采用或改进中段和末段制导等等。对于战术导弹，提高命中精度的要点在于研制新的导引装置。现有战术导弹多采用中段自动驾驶仪制导或惯性制导，末段采用雷达寻的制导，它极易受多方面的干扰。未来导弹将向激光制导、毫米波和亚毫米波、红外制导、复合制导、指令制导等方向发展。

战斗部的威力对防空导弹来说无关紧要，而对于地对地导弹、反舰导弹、舰岸导弹和战略导弹来说则相当重要，未来战术导弹将多采用高爆聚能装药、燃料空气炸药，并有向战术核装药方向发展的可能。

为增强自身生存能力和突防能力，导弹将向小型化、隐身化方向发展，导弹发射装置对战略导弹来说则向发射井、机动性方向发展，如前苏联把战略导弹装在列车上发射。对于战术导弹来说主要是增大速度，向远程超音速发展，实施"防区外攻击"，导弹速度向2马赫以上超高速发展。增加抗干扰性能，将采用多变弹道和复合制导手段。一些战术导弹如防低空导弹、反坦克导弹将向高机动、便携式方向发展。

总之，未来的导弹将是高命中率、高破坏力，抗干扰能力和突防能力强、自身生存能力大大提高的高技术武器，在未来高技术战争中，导弹将不断创造辉煌。

未来的舰船

早在 20 年前，日本海上自卫队便看出了水翼艇的实用价值，认为作为近海防御兵力的鱼雷艇已不适应现代海上作战的需要，而鱼雷艇的后继型导弹艇，特别是具有高航速优势的导弹水翼艇将很有发展前途。这种艇在底部装有如飞机机翼状的水翼，舰体达到一定的速度后，水翼产生的升力会把艇体完全托离水面。它速度快，便于机动；且艇体小，十分隐蔽；装载导弹威力大，突击力强。因此日本海上自卫队早就酝酿、计划研制这种高速攻击艇。但由于当时水翼艇的设计制造技术尚不成熟，同时考虑到日本特殊的海况（如冬季风急浪高等），因而直到 1990 年才在其防御计划中确定下来，决定首批建造 2 艘导弹水翼艇。

早在第二次世界大战前，有的国家就对水翼艇进行了研究，但进展缓慢，直到本世纪 60 年代才取得较大发展。1968 年美国海军分别在格鲁曼公司和波音公司建成了 2 艘水翼巡逻炮艇，自此军用水翼艇开始进入实用阶段。波音公司研制的全浸式水翼巡逻炮艇 "图克姆克里" 号 1969 年开赴越南海区，投入近海作战 6 个月。该艇 1974 年 7 月转手给了意大利海军。1982～1984 年意大利海军仿造 "图克姆克里" 号建造了 "鹬鹰" 型水翼艇 6 艘。1990 年日本海上自卫队决定建造的导弹水翼艇就是以意大利的 "鹬鹰" 型水翼艇为母型设计建造的。

现代水翼艇按水翼形式分为割划式水翼艇、浅浸式水翼艇和全浸式水翼艇。日本海上自卫队的首型 2 艘导弹水翼艇则是一种尾水翼明显长于首水翼的全浸式艇。1、2 号导弹水翼艇 1991 年 2 月动工，1992 年 7 月下水，于1993 年 3 月竣工，并已编入现役。

日本海上自卫队企图利用岛国近海便于高速攻击艇隐蔽的海区条件，充分发挥水翼艇快速、灵活的特点，在航空兵的引导下，能以艇载导弹突击敌水面舰艇，达到拦截、摧毁敌舰艇的目的。

继首型2艘导弹水翼艇之后，海上自卫队将在首型艇经验的基础上，继续发展这种高速攻击艇，共计划建造6艘，以满足未来近海作战的需要。

当今世界各国的潜艇，由于本身续航力、人员现有舱室环境下生存期限，以及潜航氧气再生装置的有效时间等各方面原因的影响，其水下潜伏的时间仍然不是很长，不能满足核潜艇长期潜伏水下作为第二次打击力量的要求。目前，各国造船专家正在就核潜艇潜伏能力作全面的改进，尤其对目前潜艇舱室主要以氧气再生药板、氧气瓶和电解制氧装置等产生氧气的设备进行重点研究。

目前使用的生氧设备仍采用旧方法，不可能利用它们在有限载重范围内增加太长的潜伏时间。造船工程师正在研制一种小巧的生氧设备。初步预测，这种小巧的生氧设备将是一种特殊药物组成的箱装栅片。这样一箱生氧设备，可以向潜艇提供潜伏一年时间所需的氧气。同时，这种生氧设备还能够吸收与人体代谢无关的各种有味气体，保持舱室内空气的洁净。

在舰艇动力方面，各国科研部门将对核潜艇的核燃料和发动机进行改进，延长潜航的时间。核动力推动潜艇前进方式是目前潜艇水下最佳推进方式。一些军事专家分析，除非超导发动机的研制有意想不到的进展，近一个世纪之内不可能有更为先进的潜艇推进方式出现。所以核动力推进很可能是未来潜艇首选的推进方式。但是，核动力发动机的功率和高速运行总是有限度的，要提高水下航速不得不从减少潜艇水下航行所遇的阻力入手。为此，造船工程师们认为，用减少艇体开孔和提高艇体的光滑程度，在艇体表面喷涂一种高分子聚合物的方法，来达到降低阻力、提高速度的目的。还有一些工程师提出建造一种"皮动潜艇"，使潜艇像蛇一样可以弯曲前进，以增加潜艇的速度。尽管这一方案目前还不为大多数造船工程师和军事专家们所接受。但这里面却很可能孕育一种新型高速突击武器的可能性。

潜艇的最大优点就是隐蔽性强。但是由于各种水下探测技术的发展，现有潜艇噪声以及艇体反射的回波易被对方接收等原因，其隐蔽性能正日益降低。为做到"神不知、鬼不觉"，只有在降低潜艇的噪音和减少艇体的回波上下工夫。

潜艇的噪音主要是由于潜艇螺旋桨转动及其他机械工作而产生的。目前各国潜艇的降低噪音工作主要放在改进潜艇发动机和螺旋桨结构，以及在产

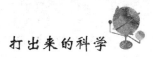

生噪音的各部位敷设隔音装置等技术上。

眼下一些研究人员认为，降低艇体回波的主要方法是在潜艇体外层喷涂能够吸收无线电波的涂料和增加潜艇的下潜深度。增加潜艇下潜深度主要是增加艇体外壳的耐压强度。目前美国正在研究一种用增强塑料代替金属潜艇外壳的技术。这种塑料是一种新的环氧树脂聚合物，很光滑也很硬，并具有很强的耐湿性。经过试验证明，用增强塑料制成的潜艇，最大下潜深度可达4000米以下。攻击潜艇主要用于近程突袭，所以其武器装备将随着近程武器的变化而发生变化。据分析，粒子束武器和激光武器将成为未来水面舰艇的主要武器。但由于这两种武器不适宜用作未来潜艇的武器，所以军事专家们迫切期望能有一种在水下发射时能量无衰减或衰减量很小的类粒子束武器的诞生，以弥补水下攻击潜艇无后备武器的缺陷。一些军事专家们正为此而努力。相信在21世纪装备这种新型的类粒子束武器的攻击潜艇将会问世。

事物的发展是无止境的，潜艇会随着加快航速、增大下潜深度、降低噪音以及延长反应堆寿命等技术的发展而更加先进。

未来的战车

坦克大会战、坦克和反坦克武器的较量，在现代战争的舞台上，演出了一幕又一幕有声有色、威武雄壮的活剧。

美国著名军事评论家詹姆斯·邓尼根在评价武器的战斗机价值时，设单个步兵为1，机枪为3，反坦克导弹为300，自行榴弹炮为900，而坦克则高达1200，雄踞地面武器之首，一枚反坦克导弹可能击毁一辆坦克，但它的综合战斗价值远远不及坦克。一门自行榴弹炮的火力可能比坦克大，但它的机动性和防护力仍然比不上坦克，其综合战斗价值自然略逊一筹。

正是由于坦克将火力、机动力、装甲防护力集于一身，才使得坦克战场上称王称霸。因此，坦克的未来就是围绕如何提高这三大能力而展开的。

研制中的坦克火炮口径已经越来越大，目前俄罗斯的新式坦克 FST 的火炮口径已经达到 135 毫米。美、英、法、德四国开始联合研制 140 毫米坦克炮，德国也进行了 150 毫米口径炮的研究工作。主炮口径增大的必然结果，将是自动装弹机的广泛运用，那时坦克乘员只有 2~3 人，整个坦克高度降低。

在坦克上增加导弹也是一种办法，有些坦克，如俄罗斯的 T-80U 坦克火炮既能射炮弹，又能射导弹，它提高了火炮的射击距离和命中精度。既能打得远，又能打得准。这种"弹"、"炮"结合的方法使坦克炮成了"多面手"。

电磁炮是利用电磁加速弹丸飞行的现代发射装置。这种炮弹没有弹壳，只有弹头，威力很大，一枚重 50 克的弹头就能穿透二十多毫米厚的装甲，如果将坦克火炮换成电磁炮，坦克的威力就可想而知了。虽然电磁炮目前还正处在研制阶段，但可以预言，它们会在不远的将来用于实战。

激光炮也是坦克上有可能应用的一种，目前先进坦克上装有激光致盲武器，它利用激光使飞机、坦克上的驾驶员看不见而丧失战斗力，这种办法可谓是"四两拨千斤"。

采用新技术不断改善炮弹的性能也是一种方法，这种方法可以提高炮弹的速度。速度快了，弹丸的威力自然就会增强。

火控系统是坦克炮的神经中枢，坦克威力再大，如果中枢神经控制不灵也是枉然。因此，火控系统性能的提高也是十分重要的。

今后的主战坦克火控系统不但能够自动捕捉目标，还能自动与多个目标交战，它会首先确定对自身威胁最大的目标，然后告诉坦克火炮首先打哪一个，这些都是计算机的功劳。

火控系统的完善使坦克乘员不再东张西望，紧张地搜索目标，确定距离，然后开炮。而是只要在坦克内看看荧光屏，按动电钮，就能完成从搜索目标到开炮的全过程。有了威力强大的火炮和灵敏的火控系统，坦克炮弹会更快、更准地击毁目标。

强健坦克的"心脏"——发动机，是提高坦克机动性能的关键，最新的坦克发动机功率已达到1500千瓦。

动力传动装置和行动装置将会不断改进，坦克的越野性能、加速性能、转向灵活性能等，无异为坦克战场上纵横驰骋创造了有利条件。

在坦克上开发运用电传运装置也是未来坦克发展的方，正像汽车和电车一样，那时的坦克发动机不再是直接输出动力而是发电，通过电动机再给坦克提供动力，这样做本身就可减少坦克的重量，提高机动性能，而且又为坦克安装电磁炮、电热炮、激光炮创造了条件。

隐形坦克并不是看不见的坦克，它主要是对付雷达、红外线、热成像等现代侦察技术的。美国有 F－117 隐形飞机，英国有 23 型隐形护卫舰，德国有 2000 型隐形导弹艇，不久的将来，隐形坦克也会以崭新的面貌出现在人们面前。

在战场上发现隐形坦克不是轻而易举的事情。坦克上涂上特殊的材料，不但可以使它根据周围的环境变化，像"变色龙"一样及时变化色彩，还能使雷达侦察不到它的存在。当坦克以闪电行动攻击敌人的时候，人们一定会惊呼，坦克仍然是攻势凌厉的地面兵器之王。

主动装甲

目前的主战坦克大多披挂有反应装甲，这种装甲成方盒状，当弹丸打在装甲上，它会爆炸。靠爆炸力推开的钢板来干扰、分散破甲弹，起到防护主装甲板的作用。这种反应式装甲已不是只挨打了，它还能还手，但它仍不算是主动装甲。

真正的主动装甲，各国正在研究中。过去坦克的装甲，不管什么型式，都只是被动地挨炮弹打的。能不能争取主动呢？即在炮弹未打到装甲之前，就让它自我爆炸呢？有人就想出了制造电磁效应装甲。这种防护装甲的内侧安装有电子或电磁遥感起爆器，依靠它的作用，便可在装甲板的安全防护距离外，自动破坏或引炸飞来的火箭和炮弹。按此原理，也可以用来对付地面各种反坦克地雷。从而保证装甲不被击破。有的人还设想出一种"空心装药式爆炸装甲"这种装甲里设置了许多小型空心装药元件，在打来的导弹或炮弹碰到炮塔上的金属触件的瞬间，自动接通空心装药的起爆电路，炸药立即爆炸，生成强大的射流，这种射流在装甲周围形成了一道屏障，破坏了飞来的导弹或炮弹，使任何武器难以损坏装甲。

无炮塔式坦克

这种坦克的火炮直接固定在车体上，处动装弹机位于车体后部。瑞典的"S"坦克就采用这种方法。该坦克高度仅 1.9 米，正面投影面积很小，因而防护性能较好。但由于"S"坦克火炮不能旋转和俯仰，几乎不能作行进间射击，所以目前未见其他国家采用。

铰接式坦克

由两个独立部分铰接而成，乘员都位于前舱内，火炮位于前舱上方，可全方位旋转。发动机和炮弹位于舱内。由于乘员和炮弹隔离，乘员生存性高。该车机动性好，但结构复杂、成本高。瑞典的 UDES–20 反坦克战车就是采用这种方案，该车车长，座舱可以开起，以便观察。

外置火炮与裂缝炮塔

俄罗斯在 1992 年 8 月第二届"沙漠安全"国际武器装备展览会上，展出了一种闻所未闻的"PT–5"高级坦克。

P–5 高级坦克是俄罗斯正在研制的一种新式坦克。所谓高级坦克，系统一种体现一定时期最高技术成就，独具创造性的高技术坦克。PT–5 坦克的形式是一种典型的外置火炮与裂缝炮塔坦克。

未来的坦克会各式各样、五花八门，大家也许会不出它们。除了以上介绍的新坦克外，还有美国的"BLACK–3"坦克等。它们代表着坦克今后的发展方向。

现代战争是立体战争，精确制导武器、武装直升机的出现，对坦克的生存构成了严重的威胁，为了抵御这种威胁，坦克就必须以家族成员的集体力量战胜对手。

"长颈鹿"战车

近年来，军事专家们设计了一种既反坦克又可反直升机的"长颈鹿"式两用战车，它的"脖子"伸直时，高度可达15米，"鹿"头上装有先进的武器系统和观瞄装置，它能一次发射4枚导弹，威力很大。

"鹿"身上披挂着特殊材料制成的装甲，还涂有像鹿皮一样花斑的迷彩，具有较好的防护性能和伪装效果。

长颈鹿个子高，而且是优秀的长跑选手，它奔跑的速度达50千米/小时，而"长颈鹿"战车的行驶速度使长颈鹿也望尘莫及。

"长颈鹿"式战车，凭借"脖子"长的优势，选择山岳丛林地隐蔽发射阵地，专门对付对己方坦克或直升机，是主战坦克的好帮手，它昂起"头"来发射，可摧毁现代化的武装直升机。"鹿"头上装有四枚先进的反坦克导弹，它低头发射时，可击穿任何坦克装甲。

装甲弹药补给车

现代武器系统要在战斗中最大限度地发扬火力，必然要有足够的弹药和军需携带量。

当前，主战坦克的弹药补充是通过炮塔完成的，装载速度较慢，步兵战车的弹药储存和补给方法也需要改进，以适应战斗行动的需要。为解决战斗车辆快速补给弹药问题，各发达国家都在研究战时快速补给弹药的方法。装甲兵部队的弹药补给通常在野外通过乘员舱进行，武器和乘员都暴露在外面，在这种情况下，车辆和乘员特别容易遭到各种兵器的射击和核、生、化武器的袭击。

一个未来发展装甲弹药补给车的计划，将解决未来装甲兵部队的弹药补给问题。该发展计划是把炮弹快速从弹药补给车上装载到坦克上，而乘员不需下车，既方便快捷，又很安全。

相信经过不断改进和发展，坦克这一陆战之王，必将在未来战争中继续发挥重要作用。

塑料坦克

20××年的一天黎明，A国的一支坦克大军浩浩荡荡地向B国杀去。在远离战区的后方指挥部内，坐在大屏幕前的将军们对此次行动充满信心。情报显示，B国对战争的来临毫无知晓。大屏幕所显示的由战场观察/搜索雷达传回的信号的确只见己方的坦克铁流。突然前线指挥官报告，遭到B国坦克部队的伏击。"难道战场观察/搜索雷达失灵了？"于是大屏幕切换到战场电视系统的画面。果然，在晨光中，出现了一支敌方坦克部队，只见它们异常机动灵活，甚至可以躲避己方发射的导弹，而且己方发射的大口径坦克炮弹根本无法击穿它们……戎马一生的将军们被惊得目瞪口呆。与此同时，A国的一批坦克专家们也密切注视着这场战斗，他们早就得知B国秘密研制了一种新型坦克，但是B国坦克显示出的性能已远远超出了传统设计的极限，这使他们百思不得其解。这时，巨型计算机为他们提供了答案："这种坦克的材料是：塑料。"

你一定认为这只是对未来的幻想。但是"塑料坦克"真的只是幻想吗？

目前，人们对以坦克为中心的地面部队的24小时全天候作战能力的要求，在与日俱增。这不仅是要把部队的活动时间扩展到夜间，而且在充满着敌我双方施放的烟幕、炮火烽烟、火灾和烟雾的战场上，为了提高生存力，必须研制夜视装置，各种微光夜视装置和红外夜视装置是解决这一问题的措施之一。此外，最近地面部队用的战场观察/搜索雷达问世了，这是观察装置的革命性变化。在上述情况下，只依赖于坦克的小型化和低矮的外形，想使坦克不被发现只能是一厢情愿。而且，对于一直追求强大的火力和高度机动性的主战坦克来说，要实现充分的小型化是不可能的。因此，要使坦克难以被雷达发现，只能用不反射电波的物质制造。幸而，由于近年来复合材料的迅速发展，制造这种车辆并不那么困难，使用玻璃纤维增强塑料制造整个车体，就可以造出"塑料坦克"。

人们可能会担心，塑料车体和塑料炮塔能否抗得住炮弹的轰击，否则"塑料坦克"不就真的成了玩具坦克了。新型高分子复合材料的研究表明，塑料装甲的防护力完全可能与钢或铝合金装甲相匹敌。而且，塑料的一个特性是受到冲击时难于破碎，这与金属坦克大大不同，反坦克武器即使穿透塑料装甲，它也几乎不产生碎片，因而乘员受到伤害的可能性会大大减少。塑料坦克的好处远不仅如此。如果用塑料制造坦克，首先是可以大幅度减轻车重，可以大大提高机动性；其次是塑料可以自由成形，炮塔和车体可以加工成任意的形状。这不仅有利于提高车体的防弹性能和减轻重量，而且通过制成表面带囷形的光滑形状，还便于消除放射性沾染物。此外，光滑的车体形状还具有在一定的方向上不反射雷达波的特性。

此外，大家都知道，塑料具有不易腐蚀的性质，用塑料制造坦克显然可以大大减轻维修保养工作量；塑料又是一种优良的绝热体，也是金属装甲无法比拟的。特别是红外成像装置和红外自动导引头等都是以车内的发动机和乘员所产生的热量作为热源的，若能够用绝热的塑料将这些热源包裹起来，红外成像装置和红外制导导弹就失去了目标。

同时，采用塑料材料制造坦克，可以减少部件数量，实现部件的大型化和一体化，因而可以达到降低成本的目的。例如，现在服役的 N2/M3 "布雷德利"战车的铝合金/钢装甲车体有 24 个主要组件；而用塑料制成的坦克只需要有底板、侧向板和顶板等 3 个主要组件就够了。

那么，"塑料坦克"的前景如何呢？

目前对于"塑料坦克"的探索已不再局限于理论探讨阶段。美国陆军正投资 1300 万美元使用 2 辆采用塑料底盘的混合式"布雷德利"试验样车进行塑料装甲车体的试验，并用这两辆样车与现有"布雷德利"战车进行了对比试验。在此基础上；美国陆军材料技术研究所和 FMC 公司已经进入在任意弹道、构造、环境要求等方面具有最佳特性的塑料材料的选择与试验阶段。比如，其中一个特别重要的研究内容就是纤维与树脂的最佳比例的研究，因为这种比例不同，形成的"塑料"性能大不相同。这个项目是由欧文斯·科林纤维玻璃公司与塞兰得公司共同进行的。材料技术研究所承担新材料的调研任务，它有世界规模的材料情报收集能力。而 FMC 以制造大型塑料车体的技术优势从事这方面的研究。

目前美军对"塑料坦克"的研制开发的目的是评估未来战车采用塑料装甲的实用价值，而不是要很快制造出一辆"塑料坦克"。

其实，不仅仅是塑料可用于制造坦克，其他特殊材料用于坦克的可能性研究也在进行着，特别是陶瓷，它不仅可以用作装甲板，从对激光的防护性来看，用作未来坦克的观察装置的材料也很有希望。因为，今后的战场上会愈来愈多地使用各种激光武器，对于观察装置中的光学器件具有极强的破坏作用，可以预料，今后对可以防激光的观察装置的需求会越来越迫切，陶瓷正可以满足这一需要。所以，未来战场上，可能像玩具坦克大战一样，出现

"塑料坦克"、"陶瓷坦克"等各种材料的坦克。

单人驾驶的坦克

比起双人坦克来，单人坦克的问世，似乎是更遥远的事。但是，对单人坦克概念的提出，其实比双人坦克还要早些。美国国防高级研究计划局从1983年起，用了一年的时间论证了一种称为"尼尼亚"的单人坦克。1985年公布了《未来坦克概念论证报告》。这种坦克的特征是具有人工智能/机器人系统，早有一名乘员，装有导弹、火炮、机枪等多种武器，装甲防护能力增强，战斗全重约13吨，可空运。"尼尼亚"单人坦克的外形要比现代主战坦克小得多，这使它成为具有极强生存力的"战场游鱼"。但是，由于它需要众多高技术领域的成果来支持，估计目前只能进行各系统的研究，想得到样车，将是2010年以后的事了。

"尼尼亚"单人坦克是由美国国防高级研究计划局和战术技术委员会倡议的"机器人武器系统"的研究课题之一。这项研究的目的在于发展新的机器人武器系统概念，作为未来的战术机器人研究大纲的构成部分，探讨其未来发展的可能性。这项研究还得到了美国兰德公司的资助。

"尼尼亚"单人坦克是一个新型战斗车辆概念，是一种先进的、具有硬打击能力和高生存力的轻型战斗系统，它提供了新的解决途径，以达到增强坦克战斗性能的目的，即利用人工智能/机器人技术，以及先进的目标搜索和跟踪技术，以减少坦克乘员和大幅度缩小坦克的外廓尺寸，并增强坦克的战斗性能。传统上需要由若干名乘员来完成的任务将交给自动化作战子系统去完成，而车内仅有的一名乘员将完成指挥及控制管理、应急超越驾驶、判断决策等必须由人来完成的任务。

"尼尼亚"单人坦克概念的主要特征包括：一名乘员；人工智能机器人系统；适用于火控和目标搜索系统的综合、多用途传感器；综合、多用途武器系统；具备战术和战略上的可运输性。由于外廓尺寸小、机动性高，装甲防护增强，单人坦克的生存力得到了大大提高。

由于具备这些特点，"尼尼亚"单人坦克可以满足美陆军和海军陆战队对具备高生存力和硬打击能力的轻型战斗车辆的需要，它可以和重型装甲目标相对抗，并战而胜之。并可以快速、广泛部署在世界各地，适用于装备轻型装甲师、快速反应部队以及应付突发事件。

单人坦克在火力方面，应具有昼夜、全天候作战能力，可对付广泛的战术目标。"尼尼亚"单人坦克就设想装备多种武器系统，可以对付各种战术目标。如导弹，是"发射后不用管"的第三代导弹，主要用来对付坦克；也具有对付直升机的能力；火炮，由于主要以导弹来对付坦克，火炮口径可选为40、50毫米，甚至小到25毫米，但是必须能够连续发射，用来对付轻型装甲目标、小型掩体、直升机等；机枪和枪榴弹发射器，具有常规的杀伤人员的能力；烟幕抛射装置，要有相当高的发烟能力，能在极短的时间内遮蔽车辆。

单人坦克在可运输性方面，由于体积小，重量轻，大型运输机或直升机可轻松地进行空运。比如"尼尼亚"单人妇克设想在运输状态下的重量最大为12.5吨。这样可以用C-130运输机空运2辆，C-5A运输机可空运9辆。

单人坦克小巧灵活，装甲加厚，因而生存力强。比如"尼尼亚"单人坦克的高生存力主要是靠其外廓尺寸小、机动性高、装甲防护强来保证的，它的正面和侧面投影面积均不到现代主战坦克的一半，仅此一项就足以使"尼尼亚"的被命中率降低一半以上。同时，它的加速性极好，从静止状态转移到200米外的地方，只需要17秒或更短的时间。据世界各地的统计资料表明，一般地形上，在200米的地段内，总可以找到可供坦克隐蔽的地貌，由于冲击时间短，缩短了"尼尼亚"单人坦克在敌火下的暴露时间，使敌人的火炮不易瞄准，导弹跟踪困难。

当然像"尼尼亚"这种单人坦克要变为现实，需要靠许多领域的先进技术来保障。一是传感器。设想者认为，综合红外雷达传感器阵列是最好的目标搜索和跟踪传感器，它还可以和导航用的传感器结合在一起。装在天线上的传感器阵列能让"尼尼亚"中的乘员看到他肉眼看不到的地方，并能从较低的隐蔽位置发射导弹。二是火控系统。能自动地完成目标搜索和跟踪，锁定打击目标，选择武器，射击以及毁伤评定等火力控制的全过程，自动化火控系统如有差错，乘员可以干预，直接控制。三是人工辅助的机器人系统。"乘员——机器人"的任务分工是设计中要考虑的最主要的问题，乘员可以和机器人系统保持不间断的对话，并拥有干预和超越控制的能力。可以认为，人工智能的机器人系统的成功与否、完善的程度，是单人坦克能否实现的关键。形象地讲，坦克上的机器人可以叫做机器人炮长和机器人驾驶员。

无独有偶，一位叫金子隆一的日本人，也设想了一种单人坦克。他认为这种坦克2002年就可以完成基本设计，2008年就能服役。他设想的单人坦克，采用分离式车体结构，主要武器是电磁炮，以燃料电池为主要动力。这种坦克战斗全重为28.5吨，发动机功率1500马力（1100千瓦），最高速度为70公里/时，最大行程为600公里。金子隆一设想的单人坦克是一种广泛采用高技术、具有相当人工智能的新一代坦克，从总体上来看，其性能要优于"尼尼亚"单人坦克，实现难度也比"尼尼亚"单人坦克大，2008年出现的可能性不大。

无人驾驶的坦克

很早就有人提出无人坦克的设想，因为，它符合坦克乘员由多到少、由少到无的规律。但更多的人认为这是一种遥不可及的梦想。真是如此吗？

其实无人坦克就是智能化机器人坦克。随着机器人技术的发展，无人坦克的轮廓变得越来越清晰。这种无人坦克或机器人坦克对于军事家来说，太具有诱惑力了。设想在未来的战场上，一个个"钢铁"士兵像有血有肉的战士一样忠于职守，一群群小巧玲珑的机器人坦克，无所顾忌地冲向敌阵，那该是多么激动人心的场面啊！

无人坦克已经不仅仅是科学幻想小说中的内容，它已经出现在设计师的蓝图上。美国、俄罗斯、英国、法国、德国等许多国家的专家们，在军用机器人和遥控车辆方面，正在进行着扎扎实实的工作，为无人坦克的出现打下了坚实的基础。

1961年，美国的尤尼梅森公司推出了世界上第一台工业机器人。它标志着机器人已经走出科普作家幻想的殿堂。机器人具有很多人类无法比拟的优势，不吃不喝；不怕疲劳，不惧危险，忠于职守。难怪它一出现，便立即受到军事家的青睐。美国军方列入研究计划的各类军用机器人有100多种，有的已投入实际应用，美国国防部甚至宣布，即将组建"机器人军队"。

军用机器人可用于各个军事领域。陆军军用机器人可用于战斗侦察、反坦克、反直升机、巷战、三防侦察、哨位警戒和巡逻、布雷和扫雷、供弹和装弹、引诱假目标、电子干扰、移动式无线电中继站、沾染洗消、爆破攻坚、物资装运、抢救战伤车辆等。用于直接执行战斗任务的机器人，相当于步兵、炮兵，乃至于坦克兵；用于执行侦察、警戒任务的，相当于侦察兵；用于担任工程保障的，相当于工程兵；用于指挥控制的，则是"机器人高参"；用于担任后勤保障的，相当于后勤分队。可以说，凡是士兵能完成的任务，大部分都可以由未来的军用机器人来完成。

因为坦克在地面作战中发挥着重要的作用，无人坦克作为军用机器人的一种，自然是各国研究的重点之一。从崭露头角的机器人战车已经可以看到无人坦克的雏形。最有代表性的是美军正在研制中的三种军用机器人，它们虽名为军用机器人，但实质上是机器人战车或无人坦克。

第一种是 TMAP 军用机器人。这种机器人于 80 年代后半期由美国格鲁曼公司和马丁·玛丽埃塔公司竞争研制，是美国小型无人多用途车辆研制计划中的一项。从外形上看，TMAP 是一种四轮车辆，大小和一辆普通轿车差不多，算得上是小巧玲珑。更有意思的是，它的四个车轮是菱形分布，前后各一个车轮，中间左右各一个车轮。这种结构有利于车辆转向，再加上铰链结合式车体结构，车体可上下扭曲，有利于越野行驶，能克服 30 厘米高的障碍物。但越野行驶的车速不高，仅为 10 千米/时左右。车载武器可以是反坦克/防空导弹，也可以是机枪。实际上，TMAP 是一种遥控车辆，士兵利用操纵装置通过长达 6400 米的光导纤维发出指令，操纵车辆运动。车上装有两架摄像机，它是 TMAP 的"眼睛"，用来搜索战场、侦察敌情，并把图像传输给遥控操纵的士兵。目前，TMAP 的样车已经制成，并进行了初步的行驶试验，取得了成功。TMAP 的最大问题是机动性差些，侦察能力也有一定限度。

第二种是"突击队员"军用机器人。它也是美国陆军研制的小型多用途机器人，由美国格鲁曼航空公司负责研制。该车于 80 年代初试制成样车，1984～1985 年进行了两次全面试验，取得了满意的结果；这种车也是小型遥控车辆。有趣的是，它的底盘和 TMAP 是同一系列的，都采用菱形车体四轮底盘，但更小巧。越野行驶时，车速可达 16 千米/小时。"突击队员"军用机器人的主要任务是反坦克，也可执行侦察和警戒任务。车上装有 3 枚 AT－4 反坦克导弹，导弹的上方有一架摄像机，士兵可在 9.65 之内通过光纤进行遥控。样车试验时，曾用 AT－4 导弹对 3000 米外的 M60 坦克进行射击，准确命中了目标。该车还可以携带 68，千克炸药，用来爆破掩体或工事是十分理想的。

第三种是"普洛拉"机器人战车。普洛拉，是 PROWLER 的音译，意思是"具有对敌逻辑反应能力的可编程机器人观察车"。和上面两种遥控机器人战车不同，它被认为是美国陆军第一辆"真正的"军用机器人车辆。它既可以按遥控方式工作，也可以按预编程序自主工作。由美国机器人防务系统公司于 1984 年开始研制。这种军用机器人是一种 6X6 的轮式机器人战车，全车重 1816 千克，以柴油机为动力，具有较高的行驶速度，最大行程可达 250 千米。它的"大脑"是一台 68000 型计算机，并带有多个 32 位微处理机，能控制多个传感器自主工作，它可以按预编的程序沿着预定的路线自主巡逻。根据任务的不同，可以配装杀伤性武器，如机枪、榴弹发射器、火炮、"陶"式或"狱火"式反

坦克导弹、"毒刺"防空导弹等；也可以配装非杀伤性武器，如催泪弹、噪声发生器、发射橡皮子弹的猎枪等。车上有炮塔，装有 3 台摄像机，其中 1 台装在炮塔顶部的桅杆上，桅杆可升高至 8.5 米，具有远方观察能力。

除了美国之外，还有很多国家也都在研制机器人战车。机器人战车可能的发展趋势是：先发展遥控式机器人战车，再发展成半自主式，最后才是完全自主的机器人战车和无人坦克。按目前的国际形势和发展势头看，自主式车辆的实用化，将是 2010 年以后的事，到那时，类似科学幻想小说中描写的机器人坦克大战的情景，也许就会出现在战场上。

拥有多个身体的坦克

研制和生产一种能够在任何战斗环境下，在不同气候与地理条件下，以及在各种军事行动中均可使用的高效能坦克，是各国坦克设计者追求的目标。目前，所有现役坦克均是按照"乘员与系统在一个车体内"的原则设计的，每种坦克在设计时均把火力、机动能力、装甲防护和可维修性能作为一个整体来考虑，于是，现代主战坦克采用了更为先进的系统，火炮口径越来越大，装甲防护能力越采越强，发动机功率也越来越高；但是，这是在坦克的外形结构尺寸并没有大的变化的情况下实现的。而坦克的内部可用空间减小，影响了乘员的舒适性及工作效率，在保持这种结构不变的情况下，想要再继续全面提高坦克战斗效能已经基本没有可能性。

出路在哪里呢？只有大胆突破传统思维。俄罗斯装甲学院提出，现代坦克的战斗潜力至多实现了 70%，但要想通过进一步改进来实现性能的全面提高已是穷途末路，也就是说，目前的传统坦克设计方法使设计人员无法大大提高坦克的战术技术性能。于是，他们提出了一种构思新颖的铰接式履带装甲战斗车辆。它不再只有一个车体，而是由中央部分和与中央部分前后铰接的输送部分及抢救部分组成。各部分可相互分开，单独使用。由于各部分之间的独立设计，坦克的效能得以提高。在战场上，通过独立使用中央战斗部分、输送部分和抢救部分，坦克的主要战斗特性，即机动性和火力能够被分开发挥。例如，为了获得更高的作战效能并使战术更加适于战斗及作战环境的需要，战场上的部队可改变其战术，独立使用铰接式车辆的各部分，也就是说可以像搭积木一样临时组成不同种类的坦克，以适应不同的需要。标准的输送部分和抢救部分与安装不同作战、支援及辅助装备的中央部分相结合，可保证铰接式车辆的系列化发展，如步兵战车、装甲抢救车、侦察车、供给车及救护车等。

与常规坦克相比，铰接式车辆的中央部分由于没有履带，其车内有较大的空间。这部分空间能够用来布置保障乘员长时间作战的必要设备，如卧具等。因此，在这种车辆上能够实现对人员与系统的最佳结合。

铰接式履带战斗车辆由战斗部分、输送部分和抢救部分组成。战斗部分铰接在输送部分和抢救部分之间。铰接方式能够使输送部分和抢救部分相对独立于战斗部分运动，并能够通过中央部分的液压千斤顶，实现自动连接和分离，战斗部分的炮塔容纳乘员和武器，输送部分和抢救部分安装供其独立使用所需的发动机、传动装置及驾驶员座椅。

俄罗斯装甲学院构想的这种分体结构形式的车辆与传统结构形式的车辆相比，无疑可提高坦克的战斗能力和可维修性。这种结构形式的坦克，在战斗部分单独使用时，通过液压千斤顶，可改变观瞄装置的高度；在输送部分和抢救部分单独使用时，可给其安装武器，以增强火力；直线行驶时，采用后面推前面拖的方法，车辆能够以相同速度前驶和倒驶，而不会发生偏转；车底距地面高度较大，车辆越野机动性能大大提高，提高输送部分和抢救部分的高度不会对整车高度产生任何影响。车辆改变运动方向有两种方式：一种是像坦克一样，靠两侧履带的速度差来实现转向；另一种是像轮式车辆一样，输送部分或抢救部分可相对于中央战斗部分独自转向和两部分同时相对于中央战斗部分实施转向等，这样大大提高了坦克的机动力能。防护性能的提高主要是通过有装甲防护的输送部分和抢救部分。各部分的装甲防护要求可以有很大不同，这样就能够以合理地减小输送部分和抢救部分的装甲厚度为前提，适当增加中央战斗部分的装甲厚度。

由于铰接式履带装甲车具有较高的可维修性，因此，使用铰接式履带装甲车还能够通过减少损失来提高坦克部队的作战能力。例如，在战场上，由于铰接式车辆是由三部分组成的，所以完全可以利用两个受损车辆中的完好部分，迅速组装成一辆新的坦克继续投入战斗。同时，这种分体式的结构也更易于实现空运。

总之这种结构新颖的履带式车辆能够全面提高车辆的基本战术技术性能，有助于乘员能力的最佳发挥，并且激励各级指挥官制订出新的陆军坦克部队在未来战场上的作战方法。它还能够使设计人员开发出一个由战斗、支援及辅助车辆组成的新一代装甲车族。

隐形坦克

提起隐形飞机，人们马上就能说出 F - 117 隐形战斗机、B - 2 隐形轰炸机等等，他们在海湾战争中一马当先，在科索沃战争中横冲直撞，大名真可谓是如雷贯耳。对于隐形军舰大家也不陌生，世界已经有很多型号进入现役。那么，未来会不会山现"隐形坦克"呢？

高技术的迅猛发展，使战场侦察技术发生了质的飞跃，战场已经变得非常"透明"。这就逼着人们去想对策，于是，作为反侦察技术的隐形技术倍受各国军队的重视。70 年代以来，前苏联和美、日、英、法等国都投入大量人力、物力和，财力来研究这种隐形技术，并取得了突破性进展。特别是隐形飞机在海湾战争中卓有成效的应用，进一步刺激了坦克隐形技术的发展，按照美国陆军的计划，在 21 世纪初期就能将隐形坦克用于战场。

坦克到底是如何隐身的呢？概括起来看，隐形坦克主要有五大"隐身术"

一是利用复合材料制造坦克车体。复合材料对光波、雷达波反射能力弱；可塑性好，能制成最佳的隐形结构外形；隔热性好，可减弱坦克的热辐射信号；具有消音作用。前面谈到的"塑料坦克"就可以很好地实现隐身。

二是降低坦克红外辐射。坦克的红外辐射主要来源于发动机及其排出的废气、射击时发热的炮管、履带与地面磨擦以及车体表面受阳光照射而产生的热。减小坦克红外辐射的主要措施有：改进发动机，减少排气中的红外辐射成分；在燃油中加入添加剂，使排出废气的红外频谱超出探测范围；改进冷却系统，降低坦克温度等。

三是实施表面伪装。涂敷迷彩和挂伪装网，也具有相当好的隐形效果。

四是降低坦克噪声。坦克噪声大、频率低，传播距离远，非常容易被对方传感器探测到。降低坦克噪声的主要措施有：采用噪声较小的发动机；坦克结构设计采用先进的隔音和消音技术；采用挂胶负重轮和装橡胶垫的履带等。

五是配备烟幕施放装置。施放烟幕是隐蔽坦克的重要手段之一。现代坦克使用的防红外探测的红外烟幕弹，可遮蔽红外波，因此，很多先进的坦克不仅配有烟幕弹发射筒，还装有发动机热烟幕发生装置来保护自己。

隐形坦克除了上述五大"隐身术"之外，还有七件"隐身衣"：

一是"超级植物毯"。大家知道，天然植物伪装在对付可见光和近红外侦察方面具有极强的能力。但是，用于坦克伪装的砍伐后的植物与生长的自然植物相比，在红外成像仪上有着截然不同的图像，极易辨别。于是，人们设想利用生物技术制造一种"超级植物毯"：在特制的"植物毯"中添加有一种供植物生长的营养剂，使用时逐渐分解，被植物吸收。植物的种子就编在毯子中，只要有一定外部条件，种子就会在短时间内快速生长，长成后则在较长时间内保持不变。同时，植物叶片形状、颜色及长成后在毯子上构成的斑点有多个种类，可供不同地区选择使用。

二是变色生物涂料。通过基因工程，可以把变色基因移植到超级植物中去，使这些植物具有变色功能，自动适应周围背景的变化。另外，通过细胞工程，可以培育出能大量快速繁殖的藻类简单生物，殖入有粘性的营养液中，并拌入超微粒金属粉末等电磁波吸收材料，制成新型生物涂料，喷涂在坦克上。

三是智能迷彩衣。智能迷彩是一套以小斑点迷彩为基础，由计算机自动设计图案、配色和绘制的自动迷彩伪装系统。小斑点迷彩是相对目前坦克的大斑点迷彩而言的，大斑点迷彩只适用特定的目标或环境，不能一彩多用。但对坦克而言，其作战环境既可能是雪原、沙漠，也可能是山岳丛林等。因此，迷彩伪装最好能满足坦克的各种需求，小斑点迷彩就是按照这种思想设计而成的，它是一种多色迷彩，以各色小斑点相互渗透，但不均匀分布的方式组合，利用空间混色原理形成的大斑点图案。这种由不同颜色的小斑点所组成的大斑点，在不同距离观察时，能产生不同的伪装效果。

四是变形保护伞。这种变形保护伞采用了防光学、防红外和防雷达三种功能合一的伪装网技术，每把伞只有几平方米大小或更小。它牢固地安装在坦克上，可以由乘员通过控制机构自动展开和收拢，操作十分便捷。它能使坦克始终保持最好的伪装效果，既能满足坦克运动伪装的需要，也能满足坦克静止伪装的要求。

五是纳米涂料。纳米材料具有一系列神奇的特性。用于伪装，主要是利用其可以吸收较宽频带内的电磁波的特性，制成伪装涂料或涂层，用来吸收光波、热红外线和微波。用这种材料制造或喷涂的坦克由于其强烈的吸光和吸波性能，将使坦克具有良好的隐形效果。

六是等离子体技术。等离子体技术隐身原理是利用等离子体的宽频带吸波特性，通过等离子体发生器施放等离子体来躲避探测系统而达到隐身目的。这种技术还可以通过改变反射信号的频率使敌方雷达得到虚假数据，实现欺骗性伪装。坦克采用这种等离子体伪装无需改变其外形，也无需喷涂吸波材料和涂层，即可实现真正意义上的全"隐身"。

七是红外伪装投影仪。坦克最容易暴露的特征除外形，就是红外辐射。目前，各国军队都装备了大量用来对付坦克酚红外制导导弹。因此，有了红外伪装投影仪后，就能让坦克躲开敌方的导弹攻击，提高在战场上的生存能力。坦克上的激光探测器在探测到来袭导弹时，便向乘员报警并判别威胁来自何方，尔后自动开启红外伪装投影仪，把本车的红外或雷达波影像投影到本车右侧面 10 米外，以诱骗来袭导弹偏离真实目标，去攻击虚假目标，起到掩护自己的作用。

坦克作为地面战场的重要突击力量，在未来战争中仍然是各类反坦克武器的众矢之的。可以预见，21 世纪的战场上隐形坦克将大量出现，必将导致坦克与反坦克对抗的进一步升级，并由此给地面作战带来新的变化。

全电坦克

传统坦克的发展潜力已经很有限，于是有人设想了一种全新概念的坦克——全电坦克。这种坦克的全部能量来源于电能，采用电炮、电传动和电防护技术实施作战。尽管目前它还是一棵处于萌芽状态的弱小幼苗，但却已经显示出了旺盛的生命力，前途无量。

全电坦克概念最早是由电炮技术起源的。坦克炮是坦克火力的支柱，为了增强火力，通常的方法就是不断地增大火炮口径，目前最大的坦克炮口径已达 140 毫米。但是，火炮是不能无限加粗的，人们只得打破常规，从更大的范围寻求解决方法。于是，就有了电磁炮。

是火炮，就离不开火药；炸药，这似乎是人们常识范围的事。但是电磁炮却不用火药，电磁炮是利用电磁力将弹丸加速到极高速度的一种超速动能武器。有人把电磁炮比做"电磁弹弓"，这个比喻十分形象。"电磁弹弓"和橡皮筋弹弓在原理上是一样的，只不过一个用橡皮筋的变形能为动力，一个用电磁力为动力罢了。尽管电磁炮已经不能说是"火"炮了，但它毕竟还是一种用来发射炮弹的炮。

电磁炮的历史，根据有史可查的资料，至少可以追溯到 1916 年。就是从 1937 年美国普林斯顿大学首次利用电磁力发射物体试验时算起，也有 50 多年的历史了。半个世纪以来，电磁炮的发展也是几起几落，历尽坎坷。其中一个重要的原因是由于电磁炮需要大电流、强磁场，这样就产生了一系列当时技术上难以解决的问题，阻碍了研制工作的顺利进行。

进入 70 年代以来，人们对电磁炮的兴趣又重新高涨起来，这要归功于美国"星球大战"计划中对动能武器的研究。在美国，电磁炮的直接研制经费，1987 年为 2.24 亿美元，1988 年达到 2.45 亿美元。美国陆军与研究机构和厂商签订的电磁炮开发、试验合同中，要求将 9 兆焦耳的电磁炮装到 M2 步兵战车的底盘上，进行车载试验，并于 1989 年末就进行过表演。看来美国电炮坦克的研究工作，已经取得了相当的进展。

电磁炮的威力大，潜力大，发射时无噪声，无炮口火焰，火控系统简单，易于实现自动装填，炮弹数量充足，难怪人们对它有这样大的兴趣。

在坦克用的电磁炮家族中，一共有"兄弟"四人：导轨炮和线圈炮；可算是"大哥"和"二哥"；电热炮和混合型炮，只能算是"三弟"和"四弟"了。

导轨炮作为"大哥"是当之无愧的，这是卤为它资格老，研究得也最透彻。其主要部分是由两根平行的导轨和带电枢的弹体以及电源和储能装置组成，结构和电路都比较简单，而且只需不太长的"炮管"便能达到很高的发射速度，适于作为坦克炮。目前正在研究中的坦克炮，多数属于这一类。由于导轨炮需要几百万安培的大电流，首先要解决大型电源和储能装置的问题。同时还要解决随之而来的导轨烧蚀、耐大电流开关等技术难题。超导技术的新进展，将会给解决这些技术难题带来新的希望。

老二线圈炮，又叫同轴螺线加速器，它是利用被发射物体上的电流与静止线圈所形成的磁场的相互作用，采推动弹丸前进。这种方式不需要过高的电流值，没有导轨烧蚀等问题，但需要较长的导轨（身管），所能达到的弹丸初速也不算高，一般认为它不太适于作为坦克炮。

老三电热炮，虽说是"小弟弟"，但它与导轨炮相结合以后，则大有后来居上之势。这种炮是在金属块中开有孔穴，插入很细的电极，在外侧块之间放电。电极之间放置易蒸发的有机材料，蒸发后，进一步形成过热的等离子体。等离子体使弹体后部的流体气化、膨胀，通过膨胀作功，使弹丸加速向前运动。

这种流体和液体发射药不同，是不可燃的。也就是说，电热炮和传统的火炮不同，传统火炮是靠火药的化学能变成火药气体膨胀作功的，而电热炮则是通过电离的过热气体使流体蒸发、膨胀作功的，基本上是一个物理过程。

研究表明，电热炮的热效率在理论上不超过 40%，速度超过 2 千米/秒时，效率会进一步降低。所以，单独使用是划不来的，往往和导轨炮混合利用，因此就有了老四——混合型炮。坦克一般使用电热炮/导轨炮混合型炮。这种炮是将电热炮和导轨炮结合在一起，先用电热炮使炮弹达到较大的初速，

尔后再接着用导轨炮加速。这种混合型火炮充分利用了两者的长处，避开了两者的不足，很可能就是未来全电坦克火炮的标准配置。

面对越来越严重的反装甲威胁，坦克仅仅依靠传统的装甲进行防护已经难以维持生存。要想生存就必须另辟蹊径，电装甲就是一条很好的出路。

电装甲能在来袭炮弹或导弹击中坦克之前，由高压电流生成强磁场屏蔽坦克，击毁来袭炮弹或导弹。高压电主要依靠高能量密度的高压电容器组产生。同时，电装甲系统还能．通过发现敌人激光测距机的激光信号，提前判定可能的威胁，并向这些有威胁的方向发射烟幕弹，以屏，蔽敌人的视线。预计在 2015 年前后可能会出现采用电装甲的坦克。例如，美国陆军提出的一种 40 吨重的未来坦克方案，其车体两侧和炮塔正面就采用了复合装甲和电磁装甲组成的装甲系统。

从目前研制情况看，未来的电装甲有自动激活电磁装甲、主动电磁装甲和电热装甲等类型。自动激活电磁装甲的原理是，整个系统由位于主装甲外侧的两块薄钢板和高压电容器组成，有一定间隔距离的两块薄钢板中的二坎接地，另一块与高压电容器组相连。当破甲弹的射流或穿甲弹的弹头穿过两薄钢板时，就会使两块薄钢板之间的电路连通，从向导致电容器组放电，通过射流和弹头的电流引起射流发散或弹头振动、膨胀和断裂，从而避免主装甲被击穿。

主动电磁装甲由探测器系统、计算机控制系统、电容器组和钢板发射装置组成。一旦探测器发现抵近的炮弹或导弹，计算机控制系统就指令开关接通电容器组，电容器组便向电感发射装置的线圈输出强大脉冲电流，于是发射装置就朝炮弹或导弹的飞行路线上投出一块钢板，以便撞毁它们或使它们偏离飞行路线而射偏。再就是毁坏或引爆装药战斗部。

电热装甲的组成与自动激活电磁装甲类似，只不过是位于主装甲前的两块薄金属板之间的间隔较小，而且其间确一层绝缘材料。当破甲弹的射流或穿甲弹的弹头穿过两块薄金属扳时，电容器放电，使绝缘材料迅速受热膨胀，朝两边推压薄金属板，干扰和破坏射流或弹头的侵入。

随着车用小型大功率发电机、电动机、整流器、将直流电变成交流电的变流器、大功率脉冲电流发生器和电能存储器技术的进步，2020 年前后会出现采用混合型的）电磁炮和由被动复合装甲与电装甲组成的装甲系统的全电坦克。届时这种全电坦克的攻击和防护能力将得到空前提高。